영역	과목	교재	예비 초등	1-2학년	3-4학년	5-6학년	예비중등
쓰기력	국어	한글 바로 쓰기	P1　P2　P3 P1~3_활동 모음집				
	국어	맞춤법 바로 쓰기		1A 1B 2A 2B			
어휘력	전 과목	어휘		1A 1B 2A 2B	3A 3B 4A 4B	5A 5B 6A 6B	
	전 과목	한자 어휘		1A 1B 2A 2B	3A 3B 4A 4B	5A 5B 6A 6B	
	영어	파닉스		1　　2			
	영어	영단어			3A 3B 4A 4B	5A 5B 6A 6B	
독해력	국어	독해	P1　　P2	1A 1B 2A 2B	3A 3B 4A 4B	5A 5B 6A 6B	
	한국사	독해 인물편			1 ~ 4		
	한국사	독해 시대편			1 ~ 4		
계산력	수학	계산		1A 1B 2A 2B	3A 3B 4A 4B	5A 5B 6A 6B	7A 7B
교과서 문해력	전 과목	교과서가 술술 읽히는 서술어		1A 1B 2A 2B	3A 3B 4A 4B	5A 5B 6A 6B	
	사회	교과서 독해			3A 3B 4A 4B	5A 5B 6A 6B	
	수학	문장제 기본		1A 1B 2A 2B	3A 3B 4A 4B	5A 5B 6A 6B	
	수학	문장제 발전		1A 1B 2A 2B	3A 3B 4A 4B	5A 5B 6A 6B	
창의·사고력	전 과목	교과서 놀이 활동북	1 ~ 8				
	수학	입학 전 수학 놀이 활동북	P1 ~ P10				

* 완자 공부력 신간은 계속해서 출간됩니다.

세상이 변해도
배움의 즐거움은
변함없도록

시대는 빠르게 변해도
배움의 즐거움은
변함없어야 하기에

어제의 비상은
남다른 교재부터
결이 다른 콘텐츠
전에 없던 교육 플랫폼까지

변함없는 혁신으로
교육 문화 환경의 새로운 전형을
실현해왔습니다.

비상은 오늘, 다시 한번
새로운 교육 문화 환경을 실현하기 위한
또 하나의 혁신을 시작합니다.

오늘의 내가 어제의 나를 초월하고
오늘의 교육이 어제의 교육을 초월하여
배움의 즐거움을 지속하는 혁신,

바로, 메타인지 기반 완전 학습을.

상상을 실현하는 교육 문화 기업 비상

메타인지 기반 완전 학습

초월을 뜻하는 meta와 생각을 뜻하는 인지가 결합한 메타인지는
자신이 알고 모르는 것을 스스로 구분하고 학습계획을 세우도록 하는
궁극의 학습 능력입니다. 비상의 메타인지 기반 완전 학습 시스템은
잠들어 있는 메타인지를 깨워 공부를 100% 내 것으로 만들도록 합니다.

퀘스트

대관식에 쓸 왕관을 장식할 보석들이 필요해요.

보석은 성 밖에 있는 바위산 절벽과 숲속에서 구할 수 있어요.

단, 주어진 문제를 모두 풀어야만 보석을 얻을 수 있어요!

그럼 지금부터 문제를 차근차근 풀면서

보석을 준비해 볼까요?

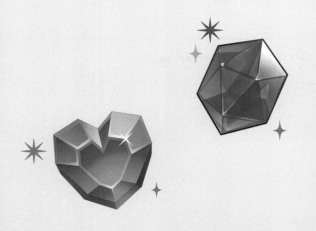

수학 문장제 발전 단계별 구성

수 , 연산 , 도형과 측정 , 자료와 가능성 , 변화와 관계
영역의 다양한 문장제를 해결해 봐요.

1A	1B	2A	2B	3A	3B
9까지의 수	100까지의 수	세 자리 수	네 자리 수	덧셈과 뺄셈	곱셈
여러 가지 모양	덧셈과 뺄셈(1)	여러 가지 도형	곱셈구구	평면도형	나눗셈
덧셈과 뺄셈	모양과 시각	덧셈과 뺄셈	길이 재기	나눗셈	원
비교하기	덧셈과 뺄셈(2)	길이 재기	시각과 시간	곱셈	분수와 소수
50까지의 수	규칙 찾기	분류하기	표와 그래프	길이와 시간	들이와 무게
	덧셈과 뺄셈(3)	곱셈	규칙 찾기	분수와 소수	그림 그래프

교과서 **전 단원, 전 영역**뿐만 아니라
다양한 시험에 나오는 복잡한 수학 문장제를 분석하고
단계별 풀이를 통해 문제 해결력을 강화해요!

4A	4B	5A	5B	6A	6B
큰 수	분수의 덧셈과 뺄셈	자연수의 혼합 계산	수의 범위와 어림하기	분수의 나눗셈	분수의 나눗셈
각도	사각형	약수와 배수	분수의 곱셈	각기둥과 각뿔	공간과 입체
곱셈과 나눗셈	소수의 덧셈과 뺄셈	대응 관계	합동과 대칭	소수의 나눗셈	소수의 나눗셈
삼각형	다각형	약분과 통분	소수의 곱셈	비와 비율	비례식과 비례배분
막대 그래프	꺾은선 그래프	분수의 덧셈과 뺄셈	직육면체와 정육면체	여러 가지 그래프	원의 둘레와 넓이
관계와 규칙	평면도형의 이동	다각형의 둘레와 넓이	평균과 가능성	직육면체의 부피와 겉넓이	원기둥, 원뿔, 구

특징과 활용법

준비하기
단원별 2쪽 가볍게 몸풀기

그림 속 이야기를 읽어 보면서 간단한 문장으로 된 문제를 풀어 보아요.

일차 학습
하루 6쪽 문장제 학습

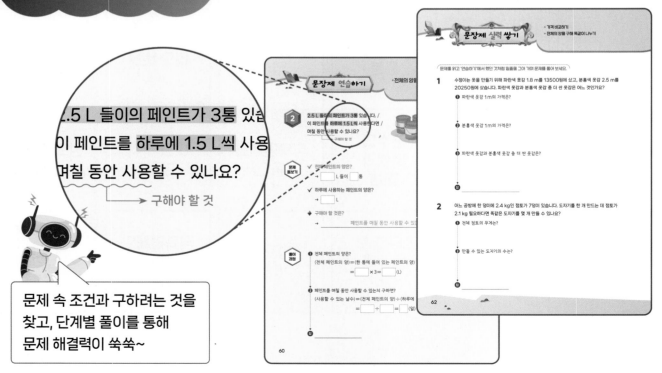

문제 속 조건과 구하려는 것을 찾고, 단계별 풀이를 통해 문제 해결력이 쑥쑥~

정답과 해설을 빠르게 확인하고,
틀린 문제는 다시 풀어요! QR을 찍으면
모바일로도 정답을 확인할 수 있어요.

실력 확인하기
단원별 마무리와 총정리 실력 평가

앞에서 배웠던 문제를 풀면서 실력을 확인해요.
마지막 도전 문제까지 성공하면 최고!

단원 마무리

실력 평가

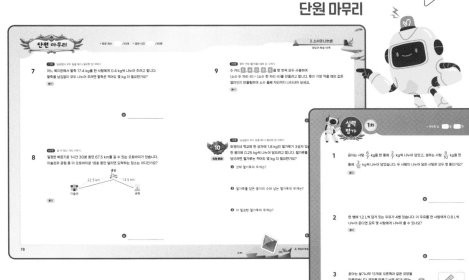

한 권을 모두 끝낸 후엔
실력 평가로 내 실력을 점검해요!

차례

왕관을 꾸밀 보석을
찾으러 가 볼까?

분수의 나눗셈

✿ 찾아야 할 보석

함께 풀어 봐요!

보석을 찾으며 빈칸에 알맞은 수나 기호를 써 보세요.

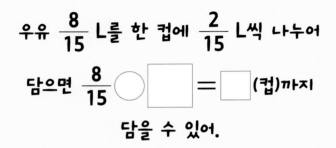

우유 $\frac{8}{15}$ L를 한 컵에 $\frac{2}{15}$ L씩 나누어

담으면 $\frac{8}{15} \bigcirc \boxed{} = \boxed{}$ (컵)까지

담을 수 있어.

버스의 길이는 12 m이고, 승용차의 길이는 $4\frac{1}{5}$ m라면 버스의 길이는 승용차의 길이의

12 ◯ ☐ = ☐ (배)야.

승민이의 방은 넓이가 $10\frac{1}{2}$ m²이고, 가로가 $2\frac{1}{3}$ m인 직사각형 모양이야. 승민이의 방의

세로는 ☐ ÷ ☐ = ☐ (m)야.

1 영주는 쌀 $1\frac{2}{7}$ kg을 한 봉지에 $\frac{3}{7}$ kg씩 나누어 담고, /

보리 $2\frac{2}{3}$ kg을 한 봉지에 $\frac{4}{9}$ kg씩 나누어 담았습니다. /

쌀과 보리를 나누어 담은 봉지는 / 모두 몇 봉지인가요?

→ 구해야 할 것

 문제 돋보기

✓ 쌀을 나누어 담은 방법은?

→ ☐ kg을 한 봉지에 ☐ kg씩 나누어 담았습니다.

✓ 보리를 나누어 담은 방법은?

→ ☐ kg을 한 봉지에 ☐ kg씩 나누어 담았습니다.

◆ 구해야 할 것은?

→  쌀과 보리를 나누어 담은 봉지의 수의 합

풀이 과정

❶ 쌀을 나누어 담은 봉지의 수는?

☐ ÷ ☐ = $\frac{☐}{7}$ ÷ ☐ = ☐ ÷ ☐ = ☐ (봉지)

전체 쌀의 무게 ┘ └ 한 봉지에 담은 쌀의 무게

❷ 보리를 나누어 담은 봉지의 수는?

☐ ÷ ☐ = $\frac{☐}{3}$ × ☐ = ☐ (봉지)

전체 보리의 무게 ┘ └ 한 봉지에 담은 보리의 무게

❸ 쌀과 보리를 나누어 담은 봉지의 수의 합은?

☐ + ☐ = ☐ (봉지)

답 _____

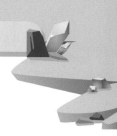

> 왼쪽 ❶번과 같이 문제에 색칠하고 밑줄을 그어 가며 문제를 풀어 보세요.

1-1 호연이는 파란색 리본 4 m를 $\frac{2}{5}$ m씩 자르고, / 노란색 리본 $3\frac{1}{2}$ m를 $\frac{7}{6}$ m씩

잘랐습니다. / 파란색 리본과 노란색 리본의 조각의 수의 차는 / 몇 개인가요?

문제 돋보기

✓ 파란색 리본을 자른 방법은?

→ [ ] m를 [ ] m씩 잘랐습니다.

✓ 노란색 리본을 자른 방법은?

→ [ ] m를 [ ] m씩 잘랐습니다.

◆ 구해야 할 것은?

→ _____

풀이 과정

❶ 파란색 리본을 자른 조각의 수는?

[ ] ÷ [ ] = [ ] × [ ] = [ ] (개)

❷ 노란색 리본을 자른 조각의 수는?

[ ] ÷ [ ] = $\frac{[\ ]}{2}$ × [ ] = [ ] (개)

❸ 파란색 리본과 노란색 리본의 조각의 수의 차는?

[ ] − [ ] = [ ] (개)

🔻

답 _____

문제가 어려웠나요?

☐ 어려워요
☐ 적당해요
☐ 쉬워요

13

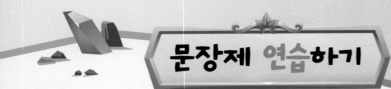

윤영이네 반은 양떼 목장으로 체험 학습을 갔습니다. /

전체 일정 5시간 중에서 /

$2\frac{2}{3}$ 시간은 목장 견학을 하고, /

1시간은 치즈 만들기를 한 다음, /

남은 시간은 피자를 만들었습니다. /

목장 견학을 한 시간은 피자를 만든 시간의 몇 배인가요?

→ 구해야 할 것

 문제 돋보기

✓ 체험 학습을 한 전체 시간은? → ☐ 시간

✓ 각 활동을 한 시간은?

→ 목장 견학: ☐ 시간, 치즈 만들기: ☐ 시간,

피자 만들기: 목장 견학과 치즈 만들기를 하고 남은 시간

◆ 구해야 할 것은?

→ 목장 견학을 한 시간은 피자를 만든 시간의 몇 배인지 구하기

 풀이 과정

❶ 피자를 만든 시간은?

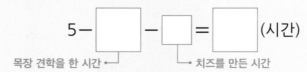

$$5 - \boxed{} - \boxed{} = \boxed{} \text{(시간)}$$

목장 견학을 한 시간 ↲   치즈를 만든 시간 ↲

❷ 목장 견학을 한 시간은 피자를 만든 시간의 몇 배인지 구하면?

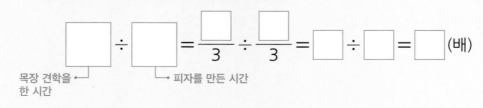

$$\boxed{} \div \boxed{} = \dfrac{\boxed{}}{3} \div \dfrac{\boxed{}}{3} = \boxed{} \div \boxed{} = \boxed{} \text{(배)}$$

목장 견학을
한 시간   ↳ 피자를 만든 시간

답 _____

왼쪽 **2**번과 같이 문제에 색칠하고 밑줄을 그어 가며 문제를 풀어 보세요.

2-1 아버지께서 약숫물을 4 L 받아 오셨습니다. / 첫째 날 $1\frac{1}{4}$ L를 마시고, / 둘째 날 $2\frac{1}{3}$ L를 마신 다음, / 셋째 날에 남은 양을 모두 마셨습니다. / 첫째 날 마신 약숫물의 양은 셋째 날 마신 약숫물의 양의 몇 배인가요?

문제 돌보기

✔ 전체 약숫물의 양은? → ☐ L

✔ 각 날에 마신 약숫물의 양은?

→ 첫째 날: ☐ L, 둘째 날: ☐ L,

셋째 날: 첫째 날과 둘째 날에 마시고 남은 양

◆ 구해야 할 것은?

→ _____

풀이 과정

❶ 셋째 날에 마신 약숫물의 양은?

$4 - \boxed{} - \boxed{} = \boxed{}$ (L)

❷ 첫째 날 마신 약숫물의 양은 셋째 날 마신 약숫물의 양의 몇 배인지 구하면?

$\boxed{} \div \boxed{} = \dfrac{\boxed{}}{4} \times \boxed{} = \boxed{}$ (배)

답 _____

문제가 어려웠나요?

☐ 어려워요
☐ 적당해요
☐ 쉬워요

문제를 읽고 '연습하기'에서 했던 것처럼 밑줄을 그어 가며 문제를 풀어 보세요.

1 승아는 물 5 L를 한 사람에게 $\dfrac{5}{9}$ L씩 나누어 주었고, 진수는 물 $2\dfrac{8}{11}$ L를 한 사람에게 $\dfrac{3}{11}$ L씩 나누어 주었습니다. 승아와 진수가 물을 나누어 준 사람은 모두 몇 명인가요?

❶ 승아가 물을 나누어 준 사람의 수는?

❷ 진수가 물을 나누어 준 사람의 수는?

❸ 승아와 진수가 물을 나누어 준 사람의 수의 합은?

답 _____

2 6 m 길이의 철사가 있습니다. 현우는 $2\dfrac{1}{2}$ m만큼 잘라 사용하고, 민하는 $2\dfrac{2}{3}$ m만큼 잘라 사용했습니다. 남은 철사는 은주가 모두 사용했다면 현우가 사용한 철사의 길이는 은주가 사용한 철사의 길이의 몇 배인가요?

❶ 은주가 사용한 철사의 길이는?

❷ 현우가 사용한 철사의 길이는 은주가 사용한 철사의 길이의 몇 배인지 구하면?

답 _____

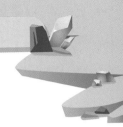

3 도하는 종이 박물관으로 체험 학습을 갔습니다. 전체 일정 4시간 중에서 $1\frac{1}{6}$시간은 박물관 견학을 하고, $1\frac{1}{5}$시간은 직접 한지를 만든 다음, 남은 시간은 한지로 작품을 만들었습니다. 한지로 작품을 만든 시간은 박물관을 견학한 시간의 몇 배인가요?

❶ 한지로 작품을 만든 시간은?

❷ 한지로 작품을 만든 시간은 박물관을 견학한 시간의 몇 배인지 구하면?

답 _____

4 밀가루 $15\frac{1}{3}$ kg을 한 통에 $3\frac{5}{6}$ kg씩 나누어 담고, 설탕 $14\frac{2}{5}$ kg을 한 통에 $1\frac{4}{5}$ kg씩 나누어 담았습니다. 밀가루와 설탕 중 어느 것이 몇 통 더 많은가요?

❶ 밀가루를 나누어 담은 통의 수는?

❷ 설탕을 나누어 담은 통의 수는?

❸ 밀가루와 설탕 중 어느 것이 몇 통 더 많은지 구하면?

답 _____ , _____

1 어느 조각가가 조각상 한 개를 만드는 데 /

$\frac{4}{5}$ 시간이 걸린다고 합니다. /

이 조각가가 하루에 3시간씩 8일 동안 /

쉬지 않고 조각상을 만든다면 /

조각상을 모두 몇 개 만들 수 있나요?

→ 구해야 할 것

문제 돋보기

✔ 조각상을 한 개 만드는 데 걸리는 시간은?

→ ▢ 시간

✔ 조각상을 만뜨는 시간은?

→ 하루에 ▢ 시간씩 ▢ 일

◆ 구해야 할 것은?

→ ___만들 수 있는 조각상의 수___

풀이 과정

❶ 조각상을 만드는 시간은?

▢ × ▢ = ▢ (시간)

하루에 만드는 시간 ┘   └ 날수

❷ 만들 수 있는 조각상의 수는?

▢ ÷ ▢ = ▢ × ▢ = ▢ (개)

조각상을 만드는 시간 ┘   └ 조각상을 한 개 만드는 데 걸리는 시간

답 _____

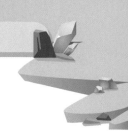

왼쪽 ❶번과 같이 문제에 색칠하고 밑줄을 그어 가며 문제를 풀어 보세요.

1-1 어느 공장에서 기계 한 대로 장난감 한 개를 만드는 데 / $3\dfrac{3}{4}$ 시간이 걸린다고 합니다. /

이 기계로 하루에 5시간씩 6일 동안 / 쉬지 않고 장난감을 만든다면 /

장난감을 모두 몇 개 만들 수 있나요?

문제 돋보기

✓ 장난감을 한 개 만드는 데 걸리는 시간은?

→ ☐ 시간

✓ 장난감을 만드는 시간은?

→ 하루에 ☐ 시간씩 ☐ 일

◆ 구해야 할 것은?

→ _____

풀이 과정

❶ 장난감을 만드는 시간은?

☐ × ☐ = ☐ (시간)

❷ 만들 수 있는 장난감의 수는?

☐ ÷ ☐ = ☐ × ☐ = ☐ (개)

답 _____

문제가 어려웠나요?

☐ 어려워요

☐ 적당해요

☐ 쉬워요

문장제 연습하기

2 채윤이는 과학책을 어제까지 전체의 $\frac{1}{3}$을 읽었고, /

오늘은 어제까지 읽고 남은 부분의 $\frac{3}{5}$을 읽었습니다. /

오늘 읽은 과학책이 36쪽일 때, / 이 과학책은 모두 몇 쪽인가요?

→ 구해야 할 것

문제 돋보기

✓ 어제까지와 오늘 읽은 분량은?

→ 어제까지: 전체의 ☐ , 오늘: 어제까지 읽고 남은 부분의 ☐

✓ 오늘 읽은 쪽수는? → ☐ 쪽

◆ 구해야 할 것은?

→ _____ 과학책의 전체 쪽수 _____

풀이 과정

❶ 어제까지 읽고 남은 부분은 전체의 얼마인지 구하면?

$1 -$ ☐ $=$ ☐

└→ 어제까지 읽은 부분

❷ 오늘 읽은 부분은 전체의 얼마인지 구하면?

☐ $\times$ ☐ $=$ ☐

└→ 어제까지 읽고 남은 부분

❸ 과학책의 전체 쪽수는?

과학책의 전체 쪽수를 ■쪽이라 하면

■ $\times$ ☐ $=36$, ■ $=36\div$ ☐ $=36\times$ ☐ $=$ ☐ 입니다.

답 _____

20

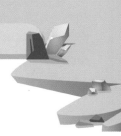

1. 분수의 나눗셈

정답과 해설 4쪽

왼쪽 ❷번과 같이 문제에 색칠하고 밑줄을 그어 가며 문제를 풀어 보세요.

2-1 색 테이프를 은성이가 전체의 $\frac{2}{5}$를 사용했고, / 재호가 남은 부분의 $\frac{3}{4}$을 사용했습니다. /

재호가 사용한 색 테이프가 18 m일 때, / 처음에 있던 색 테이프의 길이는 몇 m인가요?

문제 돋보기

✔ 은성이와 재호가 사용한 길이는?

→ 은성: 전체의 ☐, 재호: 은성이가 사용하고 남은 부분의 ☐

✔ 재호가 사용한 길이는? → ☐ m

◆ 구해야 할 것은?

→ _____

풀이 과정

❶ 은성이가 사용하고 남은 길이는 전체의 얼마인지 구하면?

$1 - \boxed{} = \boxed{}$

❷ 재호가 사용한 길이는 전체의 얼마인지 구하면?

$\boxed{} \times \boxed{} = \boxed{}$

❸ 처음에 있던 색 테이프의 길이는?

처음에 있던 색 테이프의 길이를 ■ m라 하면

■ $\times \boxed{} = 18$, ■ $= 18 \div \boxed{} = 18 \times \boxed{} = \boxed{}$ 입니다.

탑 _____

문제가 어려웠나요?

☐ 어려워요
☐ 적당해요
☐ 쉬워요

21

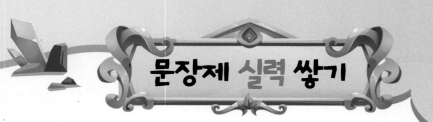

문제를 읽고 '연습하기'에서 했던 것처럼 밑줄을 그어 가며 문제를 풀어 보세요.

1 어느 공장에서 기계 한 대로 인형 한 개를 만드는 데 $\frac{3}{5}$ 시간이 걸린다고 합니다. 이 기계로 하루에 9시간씩 4일 동안 쉬지 않고 인형을 만든다면 인형을 모두 몇 개 만들 수 있나요?

❶ 인형을 만드는 시간은?

❷ 만들 수 있는 인형의 수는?

답 _____

2 어느 목수가 책꽂이 한 개를 만드는 데 $1\frac{1}{6}$ 시간이 걸린다고 합니다. 이 목수가 하루에 6시간씩 일주일 동안 쉬지 않고 책꽂이를 만든다면 책꽂이를 모두 몇 개 만들 수 있나요?

❶ 책꽂이를 만드는 시간은?

❷ 만들 수 있는 책꽂이의 수는?

답 _____

3 유라는 주스를 오전에는 전체의 $\frac{1}{4}$을 마셨고, 오후에는 남은 양의 $\frac{2}{3}$를 마셨습니다.

오후에 마신 양이 $\frac{2}{5}$ L일 때, 처음에 있던 주스의 양은 몇 L인가요?

❶ 오전에 마시고 남은 양은 전체의 얼마인지 구하면?

❷ 오후에 마신 양은 전체의 얼마인지 구하면?

❸ 처음에 있던 주스의 양은?

답 _____

4 도윤이는 문제집을 어제까지 전체의 $\frac{5}{8}$를 풀었고, 오늘은 어제까지 풀고 남은 부분의 $\frac{4}{9}$를

풀었습니다. 오늘 푼 문제집이 12쪽일 때, 이 문제집은 모두 몇 쪽인가요?

❶ 어제까지 풀고 남은 부분은 전체의 얼마인지 구하면?

❷ 오늘 푼 부분은 전체의 얼마인지 구하면?

❸ 문제집의 전체 쪽수는?

답 _____

어떤 수를 $\dfrac{3}{4}$으로 나누어야 하는데 /

잘못하여 곱했더니 $\dfrac{5}{16}$가 되었습니다. /

바르게 계산한 값은 얼마인가요?

~~~~
└→ 구해야 할 것

문제 돌보기

✓ 잘못 계산한 식은?
┌→ 알맞은 말에 ○표 하기
→ (곱셈식 , 나눗셈식)을 계산해야 하는데 잘못하여

(곱셈식 , 나눗셈식)을 계산했습니다.

✓ 바르게 계산하려면? → 어떤 수를 ☐ (으)로 나눕니다.

◆ 구해야 할 것은?

→ _____
　　　　　　　바르게 계산한 값

풀이 과정

❶ 어떤 수를 ■라 할 때, 잘못 계산한 식은?

　■ × ☐ = ☐

❷ 어떤 수는?

　■ = ☐ ÷ ☐ = ☐ × ☐ = ☐

❸ 바르게 계산한 값은?

　☐ ÷ $\dfrac{☐}{4}$ = ☐ × $\dfrac{☐}{3}$ = ☐
　└→ 어떤 수

❸ 답 _____

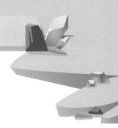

왼쪽 ❶번과 같이 문제에 색칠하고 밑줄을 그어 가며 문제를 풀어 보세요.

1-1 어떤 수를 $\frac{4}{7}$ 로 나누어야 하는데 / 잘못하여 $\frac{7}{4}$ 로 나누었더니 $\frac{18}{49}$ 이 되었습니다. /

바르게 계산한 값은 얼마인가요?

 문제 돌보기

✔ 잘못 계산한 식은?

→ 어떤 수를 ⬜ (으)로 나누어야 하는데 잘못하여

⬜ (으)로 나누었습니다.

✔ 바르게 계산하려면? → 어떤 수를 ⬜ (으)로 나눕니다.

◆ 구해야 할 것은?

→ _____

풀이 과정

❶ 어떤 수를 ■라 할 때, 잘못 계산한 식은?

■ ÷ ⬜ = ⬜

❷ 어떤 수는?

■ = ⬜ × ⬜ = ⬜

❸ 바르게 계산한 값은?

⬜ ÷ $\frac{\boxed{}}{7}$ = ⬜ × $\frac{\boxed{}}{4}$ = $\frac{\boxed{}}{8}$ = ⬜

답 _____

문제가 어려웠나요?

⬜ 어려워요

⬜ 적당해요

⬜ 쉬워요

길이가 18 km인 도로의 한쪽에 /

$\dfrac{9}{11}$ km 간격으로 가로수를 심으려고 합니다. /

도로의 시작과 끝 지점에도 가로수를 심으려면 /

가로수는 모두 몇 그루 필요한가요?

(단, 가로수의 두께는 생각하지 않습니다.)
└→ 구해야 할 것

**문제
돋보기**

✔ 가로수를 심을 도로의 길이는?

→ ☐ km

✔ 가로수 사이의 간격은?

→ ☐ km

◆ 구해야 할 것은?

→ _____심어야 할 가로수의 수_____

**풀이
과정**

❶ 가로수 사이의 간격의 수는?

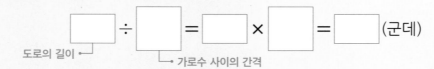

☐ ÷ ☐ = ☐ × ☐ = ☐ (군데)

도로의 길이 ┘   └→ 가로수 사이의 간격

❷ 심어야 할 가로수의 수는?

심어야 할 가로수의 수는 가로수 사이의 간격의 수보다 1만큼 더 크므로

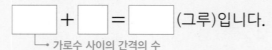

☐ + ☐ = ☐ (그루)입니다.

└→ 가로수 사이의 간격의 수

답 _____

왼쪽 **2** 번과 같이 문제에 색칠하고 밑줄을 그어 가며 문제를 풀어 보세요.

2-1 길이가 $6\frac{1}{4}$ km인 도로의 한쪽에 / $\frac{5}{16}$ km 간격으로 가로등을 설치하려고 합니다. /

도로의 시작과 끝 지점에도 가로등을 설치하려면 / 가로등은 모두 몇 개 필요한가요?

(단, 가로등의 두께는 생각하지 않습니다.)

문제 돋보기

✔ 가로등을 설치할 도로의 길이는?

→ ☐ km

✔ 가로등 사이의 간격은?

→ ☐ km

◆ 구해야 할 것은?

→ _____

풀이 과정

❶ 가로등 사이의 간격의 수는?

$$\boxed{} \div \boxed{} = \frac{\boxed{}}{4} \times \boxed{} = \boxed{} \text{(군데)}$$

❷ 설치해야 할 가로등의 수는?

설치해야 할 가로등의 수는 가로등 사이의 간격의 수보다 1만큼 더 크므로

$\boxed{} + \boxed{} = \boxed{}$ (개)입니다.

답 _____

문제가
어려웠나요?

☐ 어려워요

☐ 적당해요

☐ 쉬워요

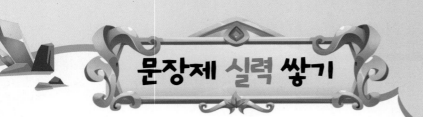
문제를 읽고 '연습하기'에서 했던 것처럼 밑줄을 그어 가며 문제를 풀어 보세요.

1 어떤 수를 $\dfrac{6}{7}$ 으로 나누어야 하는데 잘못하여 곱했더니 $\dfrac{3}{7}$ 이 되었습니다.

바르게 계산한 값은 얼마인가요?

❶ 어떤 수를 ■라 할 때, 잘못 계산한 식은?

❷ 어떤 수는?

❸ 바르게 계산한 값은?

답 _____

2 어떤 수를 $\dfrac{5}{18}$ 로 나누어야 하는데 잘못하여 $1\dfrac{5}{8}$ 로 나누었더니 $\dfrac{4}{5}$ 가 되었습니다.

바르게 계산한 값은 얼마인가요?

❶ 어떤 수를 ■라 할 때, 잘못 계산한 식은?

❷ 어떤 수는?

❸ 바르게 계산한 값은?

답 _____

3 길이가 12 km인 도로의 한쪽에 $\dfrac{4}{7}$ km 간격으로 표지판을 세우려고 합니다.

도로의 시작과 끝 지점에도 표지판을 세우려면 표지판은 모두 몇 개 필요한가요?

(단, 표지판의 두께는 생각하지 않습니다.)

❶ 표지판 사이의 간격의 수는?

❷ 세워야 할 표지판의 수는?

답 _____

4 길이가 $5\dfrac{5}{8}$ km인 도로의 한쪽에 $\dfrac{5}{24}$ km 간격으로 전봇대를 설치하려고 합니다.

도로의 시작과 끝 지점에도 전봇대를 설치하려면 전봇대는 모두 몇 개 필요한가요?

(단, 전봇대의 두께는 생각하지 않습니다.)

❶ 전봇대 사이의 간격의 수는?

❷ 설치해야 할 전봇대의 수는?

답 _____

14쪽 몇 배인지 구하기

1 은진이는 방과 후 5시간 중에서 $3\dfrac{1}{3}$ 시간은 발레를 하고, 남은 시간은 독서를 했습니다. 발레를 한 시간은 독서를 한 시간의 몇 배인가요?

풀이

답 _____

12쪽 나눗셈의 몫의 합(차) 구하기

2 모래주머니를 만드는 데 상우는 모래 $3\dfrac{3}{4}$ kg을 한 주머니에 $\dfrac{3}{4}$ kg씩 나누어 담고, 혜지는 모래 $4\dfrac{4}{5}$ kg을 한 주머니에 $\dfrac{4}{5}$ kg씩 나누어 담았습니다. 상우와 혜지가 만든 모래주머니는 모두 몇 개인가요?

풀이

답 _____

18쪽 만들 수 있는 물건의 수 구하기

3 어느 대장장이가 칼 한 자루를 만드는 데 $1\dfrac{1}{4}$ 시간이 걸립니다. 이 대장장이가 하루에 5시간씩 3일 동안 쉬지 않고 칼을 만든다면 칼을 모두 몇 자루 만들 수 있나요?

풀이

답 _____

24쪽 바르게 계산한 값 구하기

4 어떤 수를 $\frac{3}{14}$으로 나누어야 하는데 잘못하여 곱했더니 $\frac{9}{49}$가 되었습니다.

바르게 계산한 값은 얼마인가요?

풀이

답 _____

26쪽 일정한 간격으로 배열하기

5 길이가 6 km인 도로의 한쪽에 $\frac{2}{9}$ km 간격으로 CCTV를 설치하려고 합니다.

도로의 시작과 끝 지점에도 CCTV를 설치하려면 CCTV는 모두 몇 대 필요한가요?
(단, CCTV의 두께는 생각하지 않습니다.)

풀이

답 _____

12쪽 나눗셈의 몫의 합(차) 구하기

6 윤서는 물 36 L를 한 통에 $\frac{9}{10}$ L씩 나누어 담았고, 재민이는 물 30 L를 한 통에

$\frac{10}{11}$ L씩 나누어 담았습니다. 윤서와 재민이 중 누가 물을 몇 통 더 많이 담았나요?

풀이

답 _____ , _____

20쪽 전체의 양 구하기

7 세희는 텃밭 전체의 $\dfrac{7}{10}$에는 토마토를 심고, 남은 부분의 $\dfrac{5}{6}$에는 상추를 심었습니다.

상추를 심은 텃밭의 넓이가 10 m²일 때, 텃밭의 전체 넓이는 몇 m²인가요?

풀이

답 _____

20쪽 전체의 양 구하기

8 어느 문구점에서 어제는 전체 지우개의 $\dfrac{5}{12}$를 팔았고, 오늘은 남은 지우개의 $\dfrac{9}{14}$를

팔았습니다. 오늘 판 지우개가 18개일 때, 어제 처음에 있던 지우개는 몇 개인가요?

풀이

답 _____

18쪽 만들 수 있는 물건의 수 구하기

9 어느 공장에서 기계 한 대로 목도리 한 개를 만드는 데 $\frac{3}{8}$ 시간이 걸립니다. 이 기계 3대로 하루에 4시간씩 6일 동안 쉬지 않고 목도리를 만든다면 목도리를 모두 몇 개 만들 수 있나요?

풀이

탑 _____

10

도전 문제

26쪽 일정한 간격으로 배열하기

길이가 $1\frac{4}{5}$ km인 터널의 양쪽에 $\frac{1}{10}$ km 간격으로 소화기를 설치하려고 합니다. 터널의 시작과 끝 지점에도 소화기를 설치하려면 소화기는 모두 몇 개 필요한가요? (단, 소화기의 두께는 생각하지 않습니다.)

❶ 소화기 사이의 간격의 수는?

❷ 터널 한쪽에 설치해야 할 소화기의 수는?

❸ 터널 양쪽에 설치해야 할 소화기의 수는?

탑 _____

왕관을 꾸밀 보석을
찾으러 가 볼까?

공간과 입체

05일
✦ 남은(더 필요한) 쌓기나무의 수 구하기
✦ 빼낸 쌓기나무의 수 구하기

06일
✦ 쌓기나무를 빼낸 후의 모양 그리기
✦ 쌓기나무의 최대(최소) 개수 구하기

07일 단원 마무리

✦ 찾아야 할 보석

함께 풀어 봐요!

보석을 찾으며 빈칸에 알맞은 수를 써 보세요.

위에서 본 모양

위 모양과 똑같은 모양으로 쌓으려면

쌓기나무는 ☐ 개 필요해.

오른쪽은 쌓기나무로 쌓은 모양을 보고

위에서 본 모양에 수를 쓴 거야.

오른쪽과 똑같은 모양으로 쌓는 데

필요한 쌓기나무는 ☐ 개야.

위

		2
	1	2
1	2	3

쌓기나무로 쌓은 모양을 위, 앞,
옆에서 본 모양이야. 위에서 본
모양에서 ㉠ 자리에 쌓인
쌓기나무는 ☐ 개야.

1

연우는 쌓기나무 10개로 /

오른쪽과 같은 모양을 만들었습니다. /

모양을 만들고 남은 쌓기나무는 몇 개인가요?

→ 구해야 할 것

위에서 본 모양

문제 돋보기

✓ 처음에 있던 쌓기나무의 수는?

→ ☐ 개

✓ 층별 쌓기나무의 수는?

→ 1층: ☐ 개, 2층: ☐ 개, 3층: ☐ 개

◆ 구해야 할 것은?

→ ‗‗‗‗‗‗‗‗‗‗‗‗ 남은 쌓기나무의 수 ‗‗‗‗‗‗‗‗‗‗‗‗

풀이 과정

❶ 모양을 만드는 데 필요한 쌓기나무의 수는?

1층에 ☐ 개, 2층에 ☐ 개, 3층에 ☐ 개이므로

모두 ☐ + ☐ + ☐ = ☐ (개)입니다.

　　　1층　　 2층　　 3층

❷ 남은 쌓기나무의 수는?

☐ − ☐ = ☐ (개)

처음에 있던 ↗　　 ↖ 모양을 만드는 데 필요한
쌓기나무의 수　　　　 쌓기나무의 수

답 ‗‗‗‗‗‗‗‗‗‗‗‗‗‗‗

왼쪽 ❶번과 같이 문제에 색칠하고 밑줄을 그어 가며 문제를 풀어 보세요.

1-1 재우는 쌓기나무로 다음과 같은 모양을 만들려고 합니다. /

재우가 가지고 있는 쌓기나무가 7개일 때, / 더 필요한 쌓기나무는 몇 개인가요?

위에서 본 모양

문제 돋보기

✓ 재우가 가지고 있는 쌓기나무의 수는?

→ ☐ 개

✓ 층별 쌓기나무의 수는?

→ 1층: ☐ 개, 2층: ☐ 개, 3층: ☐ 개

◆ 구해야 할 것은?

→ _____

풀이 과정

❶ 모양을 만드는 데 필요한 쌓기나무의 수는?

1층에 ☐ 개, 2층에 ☐ 개, 3층에 ☐ 개이므로

모두 ☐ + ☐ + ☐ = ☐ (개)입니다.

❷ 더 필요한 쌓기나무의 수는?

☐ − ☐ = ☐ (개)

❿ 답 _____

문제가 어려웠나요?

☐ 어려워요

☐ 적당해요

☐ 쉬워요

2 왼쪽 정육면체 모양에서 쌓기나무를 몇 개 빼내어 / 오른쪽 모양을 만들었습니다. /
빼낸 쌓기나무는 몇 개인가요?

→ 구해야 할 것

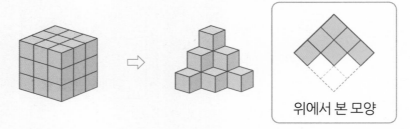

위에서 본 모양

문제 돋보기

✔ 정육면체 모양의 한 모서리에 놓인 쌓기나무의 수는? → ☐ 개

✔ 빼내고 남은 쌓기나무의 수는? → 1층: ☐ 개, 2층: ☐ 개, 3층: ☐ 개

◆ 구해야 할 것은?

→ _____빼낸 쌓기나무의 수_____

풀이 과정

❶ 정육면체 모양의 쌓기나무의 수는?

☐ × ☐ × ☐ = ☐ (개)

❷ 빼내고 남은 쌓기나무의 수는?

1층에 ☐ 개, 2층에 ☐ 개, 3층에 ☐ 개이므로

모두 ☐ + ☐ + ☐ = ☐ (개)입니다.

❸ 빼낸 쌓기나무의 수는?

☐ − ☐ = ☐ (개)

└ 정육면체 모양의 쌓기나무의 수   └ 빼내고 남은 쌓기나무의 수

답 _____

왼쪽 ❷번과 같이 문제에 색칠하고 밑줄을 그어 가며 문제를 풀어 보세요.

2-1 왼쪽 직육면체 모양에서 쌓기나무를 몇 개 빼내어 / 오른쪽 모양을 만들었습니다. /
빼낸 쌓기나무는 몇 개인가요?

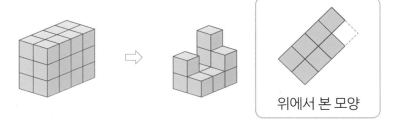

위에서 본 모양

문제 돌보기

✓ 직육면체 모양의 각 모서리에 놓인 쌓기나무의 수는?

→ 가로: 2개, 세로: ☐ 개, 높이: ☐ 개

✓ 빼내고 남은 쌓기나무의 수는? → 1층: ☐ 개, 2층: ☐ 개, 3층: ☐ 개

◆ 구해야 할 것은?

→ _____

풀이 과정

❶ 직육면체 모양의 쌓기나무의 수는?

☐ × ☐ × ☐ = ☐ (개)

❷ 빼내고 남은 쌓기나무의 수는?

1층에 ☐ 개, 2층에 ☐ 개, 3층에 ☐ 개이므로

모두 ☐ + ☐ + ☐ = ☐ (개)입니다.

❸ 빼낸 쌓기나무의 수는?

☐ − ☐ = ☐ (개)

답 _____

문제가 어려웠나요?

☐ 어려워요
☐ 적당해요
☐ 쉬워요

41

문제를 읽고 '연습하기'에서 했던 것처럼 밑줄을 그어 가며 문제를 풀어 보세요.

1 주호는 쌓기나무 14개로 오른쪽과 같은 모양을 만들었습니다. 모양을 만들고 남은 쌓기나무는 몇 개인가요?

위에서 본 모양

❶ 모양을 만드는 데 필요한 쌓기나무의 수는?

❷ 남은 쌓기나무의 수는?

답 _____

2 왼쪽 직육면체 모양에서 쌓기나무를 몇 개 빼내어 오른쪽 모양을 만들었습니다. 빼낸 쌓기나무는 몇 개인가요?

위에서 본 모양

❶ 직육면체 모양의 쌓기나무의 수는?

❷ 빼내고 남은 쌓기나무의 수는?

❸ 빼낸 쌓기나무의 수는?

답 _____

3 상자에 있는 쌓기나무로 오른쪽과 같은 모양을 만들려고
합니다. 상자에 있는 쌓기나무가 10개일 때, 더 필요한
쌓기나무는 몇 개인가요?

위에서 본 모양

❶ 모양을 만드는 데 필요한 쌓기나무의 수는?

❷ 더 필요한 쌓기나무의 수는?

답 _____

4 한 모서리에 쌓기나무가 3개씩 놓인 정육면체
모양에서 쌓기나무를 몇 개 빼내어 오른쪽과 같은
모양을 만들었습니다. 빼낸 쌓기나무는 몇 개인가요?

위에서 본 모양

❶ 정육면체 모양의 쌓기나무의 수는?

❷ 빼내고 남은 쌓기나무의 수는?

❸ 빼낸 쌓기나무의 수는?

답 _____

1 오른쪽은 쌓기나무 12개로 만든 모양입니다. /

빨간색 쌓기나무 3개를 빼낸 후 /

앞과 옆에서 본 모양을 각각 그려 보세요.

└──→ 구해야 할 것

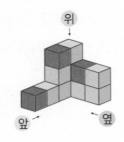

문제 돋보기

✓ 처음 쌓기나무의 수는? → ☐ 개

✓ 빼낸 쌓기나무의 수는? → ☐ 개

◆ 구해야 할 것은?

→ 빨간색 쌓기나무 3개를 빼낸 후 앞과 옆에서 본 모양 그리기

풀이 과정

❶ 쌓기나무를 빼낸 후 위에서 본 모양의 각 자리에 쌓인 쌓기나무의 수는?

쌓기나무 12개로 만든 모양이므로 보이지 않는 쌓기나무는 없습니다.

빨간색 쌓기나무 3개를 빼낸 후 위에서 본 모양의 각 자리에 쌓인 쌓기나무의 수를

쓰면 다음과 같습니다.

⇨ ㉠: 3, ㉡: ☐, ㉢: ☐, ㉣: ☐, ㉤: ☐

❷ 쌓기나무를 빼낸 후 앞과 옆에서 본 모양은?

앞에서 본 모양은 왼쪽에서부터 3층, ☐ 층, ☐ 층이고,

옆에서 본 모양은 왼쪽에서부터 1층, ☐ 층, ☐ 층입니다.

답

앞   옆

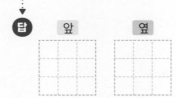

왼쪽 **1**번과 같이 문제에 색칠하고 밑줄을 그어 가며 문제를 풀어 보세요.

1-1 오른쪽은 쌓기나무 13개로 만든 모양입니다. / 초록색 쌓기나무 4개를 빼낸 후 / 앞과 옆에서 본 모양을 각각 그려 보세요.

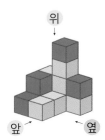

문제 돋보기

✓ 처음 쌓기나무의 수는? → ▢ 개

✓ 빼낸 쌓기나무의 수는? → ▢ 개

◆ 구해야 할 것은?

→ _____

풀이 과정

❶ 쌓기나무를 빼낸 후 위에서 본 모양의 각 자리에 쌓인 쌓기나무의 수는?

쌓기나무 13개로 만든 모양이므로 보이지 않는 쌓기나무는 없습니다.

초록색 쌓기나무 4개를 빼낸 후 위에서 본 모양의 각 자리에 쌓인 쌓기나무의 수를 쓰면 다음과 같습니다.

위

ㄱ ㄴ ㄷ
ㄹ ㅁ
　ㅂ

⇨ ㉠: 2, ㉡: ▢, ㉢: ▢, ㉣: ▢, ㉤: ▢, ㉥: ▢

❷ 쌓기나무를 빼낸 후 앞과 옆에서 본 모양은?

앞에서 본 모양은 왼쪽에서부터 2층, ▢ 층, ▢ 층이고,

옆에서 본 모양은 왼쪽에서부터 1층, ▢ 층, ▢ 층입니다.

답 앞 ▢ 옆 ▢

문제가 어려웠나요?
☐ 어려워요
☐ 적당해요
☐ 쉬워요

2

오른쪽은 쌓기나무로 만든 모양을 /
위, 앞, 옆에서 본 모양입니다. /
쌓기나무가 가장 많을 때 /
사용한 쌓기나무는 몇 개인가요?
　　　━━▶ 구해야 할 것

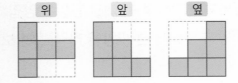

위　　　앞　　　옆

**문제
돋보기**

✓ 앞과 옆에서 본 모양은?

→ 앞에서 본 모양은 왼쪽에서부터 ☐층, ☐층, ☐층입니다.

　 옆에서 본 모양은 왼쪽에서부터 ☐층, ☐층, ☐층입니다.

◆ 구해야 할 것은?

→ ＿＿＿＿＿＿쌓기나무가 가장 많을 때 사용한 쌓기나무의 수＿＿＿＿＿＿

**풀이
과정**

❶ 위에서 본 모양의 각 자리에 쌓인 쌓기나무의 수는?

위

• 앞에서 본 모양을 보면 ㉢에 2개, ㉣에 ☐개의 쌓기나무가

　놓입니다.

• 옆에서 본 모양을 보면 ㉠에 ☐개, ㉤에 1개의 쌓기나무가

　놓입니다.

• ㉡에 쌓을 수 있는 쌓기나무는 1개 또는 ☐개입니다.

❷ 쌓기나무가 가장 많을 때 사용한 쌓기나무의 수는?

㉡에 쌓기나무가 ☐개 놓일 때 쌓기나무의 수가 가장 많습니다.

⇨ (사용한 쌓기나무의 수)＝ ☐ ＋ ☐ ＋ ☐ ＋ ☐ ＋ ☐ ＝ ☐ (개)
　　　　　　　　　　　　　㉠　　㉡　　㉢　　㉣　　㉤

답 ＿＿＿＿＿＿＿＿＿＿＿

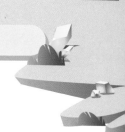

왼쪽 **2**번과 같이 문제에 색칠하고 밑줄을 그어 가며 문제를 풀어 보세요.

2-1 오른쪽은 쌓기나무로 만든 모양을 / 위, 앞, 옆에서 본 모양입니다. / 쌓기나무가 가장 적을 때 / 사용한 쌓기나무는 몇 개인가요?

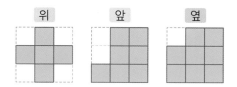

문제 돋보기

✓ 앞과 옆에서 본 모양은?

→ 앞에서 본 모양은 왼쪽에서부터 ☐ 층, ☐ 층, ☐ 층입니다.

옆에서 본 모양은 왼쪽에서부터 ☐ 층, ☐ 층, ☐ 층입니다.

◆ 구해야 할 것은?

→ _____

풀이 과정

❶ 위에서 본 모양의 각 자리에 쌓인 쌓기나무의 수는?

위

• 앞에서 본 모양을 보면 ⓒ에 1개, ⓔ에 ☐ 개의 쌓기나무가 놓입니다.

• 옆에서 본 모양을 보면 ㉠에 ☐ 개, ⓜ에 2개의 쌓기나무가 놓입니다.

• ⓒ에 쌓을 수 있는 쌓기나무는 1개 또는 ☐ 개 또는 ☐ 개입니다.

❷ 쌓기나무가 가장 적을 때 사용한 쌓기나무의 수는?

ⓒ에 쌓기나무가 ☐ 개 놓일 때 쌓기나무의 수가 가장 적습니다.

⇨ (사용한 쌓기나무의 수) = ☐ + ☐ + ☐ + ☐ + ☐

= ☐ (개)

답 _____

문제가 어려웠나요?

☐ 어려워요

☐ 적당해요

☐ 쉬워요

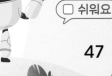

문제를 읽고 '연습하기'에서 했던 것처럼 밑줄을 그어 가며 문제를 풀어 보세요.

1 오른쪽은 쌓기나무 14개로 만든 모양입니다. 분홍색 쌓기나무 3개를
빼낸 후 앞과 옆에서 본 모양을 각각 그려 보세요.

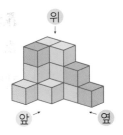

❶ 쌓기나무를 빼낸 후 위에서 본 모양의 각 자리에 쌓인 쌓기나무의 수는?

❷ 쌓기나무를 빼낸 후 앞과 옆에서 본 모양은?

답 앞 옆

2 도하는 쌓기나무 12개로 오른쪽과 같은 모양을 만들었습니다. 파란색
쌓기나무 2개를 빼낸 후 앞과 옆에서 본 모양을 각각 그려 보세요.

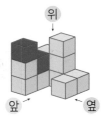

❶ 쌓기나무를 빼낸 후 위에서 본 모양의 각 자리에 쌓인 쌓기나무의 수는?

❷ 쌓기나무를 빼낸 후 앞과 옆에서 본 모양은?

답 앞 옆

3 쌓기나무로 만든 모양을 위, 앞, 옆에서 본 모양입니다.
쌓기나무가 가장 적을 때 사용한 쌓기나무는 몇 개인가요?

❶ 위에서 본 모양의 각 자리에 쌓인 쌓기나무의 수는?

❷ 쌓기나무가 가장 적을 때 사용한 쌓기나무의 수는?

답 _____

4 쌓기나무로 만든 모양을 위, 앞, 옆에서 본 모양입니다.
쌓기나무가 가장 많을 때 사용한 쌓기나무는 몇 개인가요?

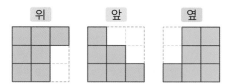

❶ 위에서 본 모양의 각 자리에 쌓인 쌓기나무의 수는?

❷ 쌓기나무가 가장 많을 때 사용한 쌓기나무의 수는?

답 _____

38쪽 남은(더 필요한) 쌓기나무의 수 구하기

1 윤아는 쌓기나무로 다음과 같은 모양을 만들려고 합니다. 윤아가 가지고 있는 쌓기나무가 11개일 때, 더 필요한 쌓기나무는 몇 개인가요?

위에서 본 모양

(풀이)

답 _____

44쪽 쌓기나무를 빼낸 후의 모양 그리기

2 왼쪽은 쌓기나무 13개로 만든 모양입니다. 분홍색 쌓기나무 3개를 빼낸 후 옆에서 본 모양을 바르게 그린 것을 찾아 기호를 쓰세요.

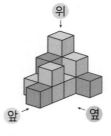

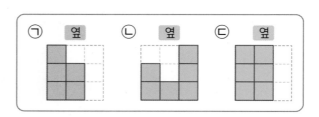

(풀이)

답 _____

3 왼쪽 정육면체 모양에서 쌓기나무를 몇 개 빼내어 오른쪽 모양을 만들었습니다. 빼낸 쌓기나무는 몇 개인가요?

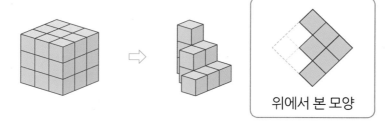

위에서 본 모양

풀이

답 _____

44쪽 쌓기나무를 빼낸 후의 모양 그리기

4 오른쪽은 쌓기나무 14개로 만든 모양입니다. 초록색 쌓기나무 3개를 빼낸 후 앞과 옆에서 본 모양을 각각 그려 보세요.

풀이

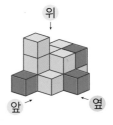

위

앞 옆

답   앞   옆

46쪽 쌓기나무의 최대(최소) 개수 구하기

5 쌓기나무로 만든 모양을 위, 앞, 옆에서 본 모양입니다. 쌓기나무가 가장 적을 때
사용한 쌓기나무는 몇 개인가요?

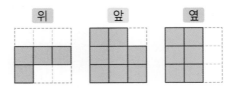

(풀이)

답 _____

46쪽 쌓기나무의 최대(최소) 개수 구하기

6 쌓기나무로 만든 모양을 위, 앞, 옆에서 본 모양입니다. 쌓기나무가 가장 많을 때
사용한 쌓기나무는 몇 개인가요?

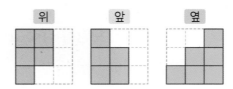

(풀이)

답 _____

둘레가 21.2 cm인 정다각형의 한 변의 길이가 2.65 cm야. 이 정다각형의 변은

$$\boxed{} \div \boxed{} = \boxed{} \text{(개)이니까}$$

정다각형의 이름은 $\boxed{}$ 이야.

참기름 4.5 L를 한 병에 0.6 L씩 담으려고 해. 몫을 자연수 부분까지 구하면

$$\boxed{} \div \boxed{} = \boxed{} \cdots \boxed{} \text{이니까}$$

참기름을 $\boxed{}$ 병까지 담을 수 있고,

남는 참기름은 $\boxed{}$ L야.

1 어느 과일 가게에서 **키위 1.5 kg을 14250원에 판매하고,** /
귤 2.4 kg을 23040원에 판매합니다. /
<u>키위와 귤 중 더 싼 과일은 어느 것인가요?</u>
→ 구해야 할 것

문제 돋보기

✓ 키위의 가격은?

→ ☐ kg을 ☐ 원에 판매합니다.

✓ 귤의 가격은?

→ ☐ kg을 ☐ 원에 판매합니다.

◆ 구해야 할 것은?

→ _____키위와 귤 중 더 싼 과일_____

풀이 과정

❶ 키위 1kg의 가격은?

☐ ÷ ☐ = ☐ (원)

❷ 귤 1kg의 가격은?

☐ ÷ ☐ = ☐ (원)

❸ 키위와 귤 중 더 싼 과일은?

1 kg의 가격을 비교하면 ☐ < ☐ 이므로

더 싼 과일은 ☐ 입니다.

답 _____

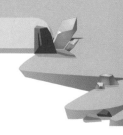

왼쪽 **1**번과 같이 문제에 색칠하고 밑줄을 그어 가며 문제를 풀어 보세요.

1-1 예호는 마트에서 주스와 우유를 한 병씩 샀습니다. / 주스는 1.2 L에 3480원이고, / 우유는 0.9 L에 2880원입니다. / 주스와 우유 중 더 비싼 음료수는 어느 것인가요?

문제 돋보기

✓ 주스의 가격은?

→ [   ] L에 [   ] 원입니다.

✓ 우유의 가격은?

→ [   ] L에 [   ] 원입니다.

◆ 구해야 할 것은?

→ _____

풀이 과정

❶ 주스 1L의 가격은?

[   ] ÷ [   ] = [   ] (원)

❷ 우유 1L의 가격은?

[   ] ÷ [   ] = [   ] (원)

❸ 주스와 우유 중 더 비싼 음료수는?

1 L의 가격을 비교하면 [   ] < [   ] 이므로

더 비싼 음료수는 [   ] 입니다.

답 _____

문제가 어려웠나요?
☐ 어려워요
☐ 적당해요
☐ 쉬워요

2.5 L 들이의 페인트가 3통 있습니다. /
이 페인트를 하루에 1.5 L씩 사용한다면 /
며칠 동안 사용할 수 있나요?

→ 구해야 할 것

문제 돋보기

✓ 전체 페인트의 양은?

→ ☐ L 들이 ☐ 통

✓ 하루에 사용하는 페인트의 양은?

→ ☐ L

◆ 구해야 할 것은?

→ 페인트를 며칠 동안 사용할 수 있는지 구하기

풀이 과정

❶ 전체 페인트의 양은?

(전체 페인트의 양)＝(한 통에 들어 있는 페인트의 양)×(페인트 통의 수)

＝ ☐ ×3＝ ☐ (L)

❷ 페인트를 며칠 동안 사용할 수 있는지 구하면?

(사용할 수 있는 날수)＝(전체 페인트의 양)÷(하루에 사용하는 페인트의 양)

＝ ☐ ÷ ☐ ＝ ☐ (일)

답 _____

왼쪽 ② 번과 같이 문제에 색칠하고 밑줄을 그어 가며 문제를 풀어 보세요.

2-1 은성이네 반 선생님은 콩주머니를 만들려고 / 한 자루에 3.3 kg인 콩을 4자루
준비하였습니다. / 이 콩을 한 모둠에게 2.2 kg씩 나누어 주면 / 모두 몇 모둠에게 나누어
줄 수 있나요?

**문제
돋보기**

✓ 전체 콩의 무게는?

→ ☐ kg씩 ☐ 자루

✓ 한 모둠에게 나누어 줄 콩의 무게는?

→ ☐ kg

◆ 구해야 할 것은?

→ _____

**풀이
과정**

❶ 전체 콩의 무게는?

(전체 콩의 무게) = (콩 한 자루의 무게) × (콩 자루의 수)

= ☐ × 4 = ☐ (kg)

❷ 콩을 나누어 줄 수 있는 모둠의 수는?

(콩을 나누어 줄 수 있는 모둠의 수)

= (전체 콩의 무게) ÷ (한 모둠에게 나누어 줄 콩의 무게)

= ☐ ÷ ☐ = ☐ (모둠)

답 _____

문제가
어려웠나요?

☐ 어려워요

☐ 적당해요

☐ 쉬워요

문제를 읽고 '연습하기'에서 했던 것처럼 밑줄을 그어 가며 문제를 풀어 보세요.

1 수정이는 옷을 만들기 위해 파란색 옷감 1.8 m를 13500원에 샀고, 분홍색 옷감 2.5 m를 20250원에 샀습니다. 파란색 옷감과 분홍색 옷감 중 더 싼 옷감은 어느 것인가요?

❶ 파란색 옷감 1m의 가격은?

❷ 분홍색 옷감 1m의 가격은?

❸ 파란색 옷감과 분홍색 옷감 중 더 싼 옷감은?

답 _____

2 어느 공방에 한 덩이에 2.4 kg인 점토가 7덩이 있습니다. 도자기를 한 개 만드는 데 점토가 2.1 kg 필요하다면 똑같은 도자기를 몇 개 만들 수 있나요?

❶ 전체 점토의 무게는?

❷ 만들 수 있는 도자기의 수는?

답 _____

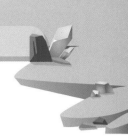

3 마트에서 판매하는 초콜릿과 사탕의 무게와 가격이 오른쪽과 같을 때, 초콜릿과 사탕 중 더 비싼 것은 어느 것인가요?

	무게	가격
초콜릿	0.7 kg	5740원
사탕	0.4 kg	3080원

❶ 초콜릿 1kg의 가격은?

❷ 사탕 1kg의 가격은?

❸ 초콜릿과 사탕 중 더 비싼 것은?

답 _____

4 철사를 윤서는 1.8 m씩 8도막으로 잘랐고, 같은 길이의 철사를 성우는 1.2 m씩 잘랐습니다. 성우가 자른 철사는 모두 몇 도막인가요?

❶ 자르기 전 윤서가 가지고 있던 철사의 길이는?

❷ 성우가 자른 철사의 도막의 수는?

답 _____

1

굵기가 일정한 철근 0.4 m의 무게가 1.92 kg입니다. /

같은 굵기의 철근의 무게가 7.2 kg일 때, /

이 철근의 길이는 몇 m인가요?

└─→ 구해야 할 것

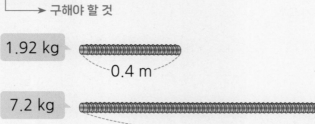

1.92 kg

0.4 m

7.2 kg

? m

문제 돋보기

✓ 철근 0.4 m의 무게는?

→ ▢ kg

◆ 구해야 할 것은?

→ 무게가 7.2 kg인 철근의 길이

풀이 과정

❶ 철근 1m의 무게는?

▢ ÷ ▢ = ▢ (kg)

└ 철근의 무게   └ 철근의 길이

❷ 무게가 7.2 kg인 철근의 길이는?

7.2 ÷ ▢ = ▢ (m)

└ 철근 1 m의 무게

답 _____

왼쪽 ❶번과 같이 문제에 색칠하고 밑줄을 그어 가며 문제를 풀어 보세요.

1-1 굵기가 일정한 나무 막대 1.5 m의 무게가 1.05 kg입니다. / 같은 굵기의 나무 막대의 길이가 3.2 m일 때, / 이 나무 막대의 무게는 몇 kg인가요?

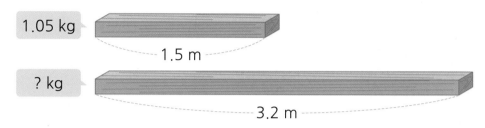

1.05 kg — 1.5 m

? kg — 3.2 m

문제 돋보기

✔ 나무 막대 1.5 m의 무게는?

→ ☐☐☐☐☐ kg

◆ 구해야 할 것은?

→ _____

풀이 과정

❶ 나무 막대 1m의 무게는?

☐☐☐ ÷ ☐☐☐ = ☐☐☐ (kg)

❷ 길이가 3.2 m인 나무 막대의 무게는?

☐☐☐ × 3.2 = ☐☐☐ (kg)
└─ 나무 막대 1 m의 무게

답 _____

문제가 어려웠나요?

☐ 어려워요
☐ 적당해요
☐ 쉬워요

2 일정한 빠르기로 /

1시간 15분 동안 87.5 km를 갈 수 있는 /

자동차가 있습니다. /

이 자동차로 3시간 30분 동안 /

갈 수 있는 거리는 몇 km인가요?

└→ 구해야 할 것

문제 돋보기

✓ 자동차로 1시간 15분 동안 갈 수 있는 거리는? → ☐ km

◆ 구해야 할 것은?

→ _____3시간 30분 동안 갈 수 있는 거리_____

풀이 과정

❶ 자동차로 1시간 동안 갈 수 있는 거리는?

┌→ 시간을 소수로 나타내기

1시간 15분= ☐ $\dfrac{\boxed{}}{60}$ 시간= ☐ 시간이므로

자동차로 1시간 동안 갈 수 있는 거리는 87.5÷ ☐ = ☐ (km)입니다.

❷ 자동차로 3시간 30분 동안 갈 수 있는 거리는?

3시간 30분= ☐ $\dfrac{\boxed{}}{60}$ 시간= ☐ 시간이므로 자동차로 3시간 30분 동안

갈 수 있는 거리는 ☐ × ☐ = ☐ (km)입니다.

┌→ 자동차로 1시간 동안   └→ 이동 시간
  갈 수 있는 거리

답 _____

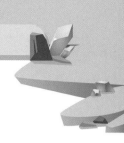

왼쪽 ❷번과 같이 문제에 색칠하고 밑줄을 그어 가며 문제를 풀어 보세요.

2-1 수아는 자전거를 타고 / 48분 동안 8.4 km를 갔습니다. / 수아가 일정한 빠르기로 간다면 / 이 자전거로 1시간 12분 동안 / 갈 수 있는 거리는 몇 km인가요?

문제 돋보기

✔ 수아가 자전거로 48분 동안 간 거리는?

→ ☐ km

◆ 구해야 할 것은?

→ _____

풀이 과정

❶ 자전거로 1시간 동안 갈 수 있는 거리는?

48분 = $\dfrac{\boxed{}}{60}$ 시간 = ☐ 시간이므로

자전거로 1시간 동안 갈 수 있는 거리는

8.4 ÷ ☐ = ☐ (km)입니다.

❷ 자전거로 1시간 12분 동안 갈 수 있는 거리는?

1시간 12분 = $\boxed{}\dfrac{\boxed{}}{60}$ 시간 = ☐ 시간이므로

자전거로 1시간 12분 동안 갈 수 있는 거리는

☐ × ☐ = ☐ (km)입니다.

답 _____

문제가 어려웠나요?
☐ 어려워요
☐ 적당해요
☐ 쉬워요

67

문제를 읽고 '연습하기'에서 했던 것처럼 밑줄을 그어 가며 문제를 풀어 보세요.

1 굵기가 일정한 통나무 0.8 m의 무게가 3.6 kg입니다. 같은 굵기의 통나무의 무게가 22.5 kg일 때, 이 통나무의 길이는 몇 m인가요?

❶ 통나무 1m의 무게는?

❷ 무게가 22.5 kg인 통나무의 길이는?

답 _____

2 굵기가 일정한 쇠막대 1.45 m의 무게가 1.74 kg입니다. 같은 굵기의 쇠막대의 길이가 2.5 m일 때, 이 쇠막대의 무게는 몇 kg인가요?

❶ 쇠막대 1m의 무게는?

❷ 길이가 2.5 m인 쇠막대의 무게는?

답 _____

3 현진이는 걸어서 1시간 24분 동안 3.64 km를 갔습니다. 현진이가 일정한 빠르기로 걸었다면 54분 동안 간 거리는 몇 km인가요?

❶ 걸어서 1시간 동안 간 거리는?

❷ 걸어서 54분 동안 간 거리는?

답 _____

4 일정한 빠르기로 2시간 6분 동안 294 km를 갈 수 있는 기차가 있습니다. 이 기차로 3시간 42분 동안 갈 수 있는 거리는 몇 km인가요?

❶ 기차로 1시간 동안 갈 수 있는 거리는?

❷ 기차로 3시간 42분 동안 갈 수 있는 거리는?

답 _____

✦ 몫이 가장 클(작을) 때의 값 구하기

1 수 카드 1 , 6 , 2 , 9 를 한 번씩 모두 사용하여 /
(소수 한 자리 수)÷(소수 한 자리 수)를 만들려고 합니다. /
몫이 가장 작을 때의 값을 구해 보세요.
⟶ 구해야 할 것

 문제 돋보기

✓ 수 카드를 사용하여 만들려는 식은?

→ (소수 ☐ 자리 수)÷(소수 ☐ 자리 수)
↳ 알맞은 말 쓰기

◆ 구해야 할 것은?

→ _____몫이 가장 작을 때의 값_____

 풀이 과정

❶ 몫이 가장 작도록 나눗셈식을 만들려면?
↳ 알맞은 말에 ○표 하기
나누어지는 수가 (클수록 , 작을수록),
나누는 수가 (클수록 , 작을수록) 몫이 작습니다.

❷ 나누어지는 수와 나누는 수를 각각 구하면?
수 카드의 수의 크기를 비교하면 1<2<6<9이므로
나누어지는 수는 ☐ , 나누는 수는 ☐ 입니다.

❸ 몫이 가장 작을 때의 값을 구하면?
☐ ÷ ☐ = ☐

답 _____

> 왼쪽 ①번과 같이 문제에 색칠하고 밑줄을 그어 가며 문제를 풀어 보세요.

1-1

수 카드 **2**, **5**, **0**, **7**, **4** 를 한 번씩 모두 사용하여 / 다음과 같은 나눗셈식을 만들려고 합니다. / 몫이 가장 클 때의 값을 구해 보세요.

$$\square.\square\,)\overline{\square\square.\square\square}$$

문제 돋보기

✓ 수 카드를 사용하여 만들려는 식은?

→ (소수 ☐ 자리 수) ÷ (소수 ☐ 자리 수)

◆ 구해야 할 것은?

→ _____

풀이 과정

❶ 몫이 가장 크도록 나눗셈식을 만들려면?

나누어지는 수가 (클수록 , 작을수록),

나누는 수가 (클수록 , 작을수록) 몫이 큽니다.

❷ 나누어지는 수와 나누는 수를 각각 구하면?

수 카드의 수의 크기를 비교하면 7 > 5 > 4 > 2 > 0이므로

나누어지는 수는 ☐, 나누는 수는 ☐ 입니다.

❸ 몫이 가장 클 때의 값을 구하면?

☐ ÷ ☐ = ☐

답 _____

문제가 어려웠나요?

☐ 어려워요

☐ 적당해요

☐ 쉬워요

✦ 남김없이 모두 담을 때
더 필요한 양 구하기

2 밀가루 402.5 g을 남김없이 모두 사용하여 /

빵을 만들려고 합니다. /

빵을 한 개 만드는 데 /

밀가루가 43 g 필요하다면 /

밀가루는 적어도 몇 g 더 필요한가요?

<u>～～～～～～</u>
⟶ 구해야 할 것

문제 돋보기

✓ 전체 밀가루의 무게는?

→ ⬜ g

✓ 빵을 한 개 만드는 데 필요한 밀가루의 무게는? → ⬜ g

◆ 구해야 할 것은?

→ _____ 더 필요한 밀가루의 무게 _____

풀이 과정

❶ 만들 수 있는 빵의 수와 남는 밀가루의 무게는?

402.5 ÷ ⬜ = ⬜ ⋯ ⬜ 이므로
└➤ 빵을 한 개 만드는 데 필요한 밀가루의 무게

빵을 ⬜ 개 만들수 있고, 남는 밀가루는 ⬜ g입니다.

❷ 더 필요한 밀가루의 무게는?

밀가루를 남김없이 모두 사용하여 빵을 만들려면

밀가루는 적어도 43 − ⬜ = ⬜ (g) 더 필요합니다.
└➤ 빵을 한 개 만드는 데   └➤ 남는 밀가루의 무게
필요한 밀가루의 무게

답 _____

왼쪽 ❷번과 같이 문제에 색칠하고 밑줄을 그어 가며 문제를 풀어 보세요.

2-1 물 38.4 L를 한 병에 1.8 L씩 / 나누어 담으려고 합니다. / 물을 남김없이 모두 담으려면 / 물은 적어도 몇 L 더 필요한가요?

문제 돋보기

✓ 전체 물의 양은?

→ ☐ L

✓ 한 병에 담는 물의 양은?

→ ☐ L

◆ 구해야 할 것은?

→ _____

풀이 과정

❶ 물을 담은 병의 수와 남는 물의 양은?

☐ ÷ ☐ = ☐ … ☐ 이므로

물을 담은 병은 ☐ 병이 되고,

남는 물은 ☐ L입니다.

❷ 더 필요한 물의 양은?

물을 남김없이 모두 병에 나누어 담으려면

물은 적어도 1.8 − ☐ = ☐ (L) 더 필요합니다.

답 _____

문제가 어려웠나요?

☐ 어려워요

☐ 적당해요

☐ 쉬워요

73

문제를 읽고 '연습하기'에서 했던 것처럼 밑줄을 그어 가며 문제를 풀어 보세요.

1 수 카드 7 , 5 , 8 , 1 을 한 번씩 모두 사용하여 (두 자리 수)÷(소수 한 자리 수)를 만들려고 합니다. 몫이 가장 클 때의 값을 구해 보세요.

❶ 몫이 가장 크도록 나눗셈식을 만들려면?

❷ 나누어지는 수와 나누는 수를 각각 구하면?

❸ 몫이 가장 클 때의 값을 구하면?

답 _____

2 방울토마토 28.4 kg을 한 상자에 2 kg씩 담아 판매하려고 합니다. 방울토마토를 남김없이 모두 판매하려면 방울토마토는 적어도 몇 kg 더 필요한가요?

❶ 방울토마토를 담은 상자의 수와 남는 방울토마토의 무게는?

❷ 더 필요한 방울토마토의 무게는?

답 _____

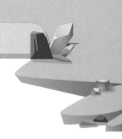

3 수 카드 4 , 3 , 8 , 5 를 한 번씩 모두 사용하여 다음과 같은 나눗셈식을 만들려고 합니다. 몫이 가장 작을 때의 값을 구해 보세요.

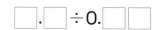

$$\square . \square \div 0. \square\square$$

❶ 몫이 가장 작도록 나눗셈식을 만들려면?

❷ 나누어지는 수와 나누는 수를 각각 구하면?

❸ 몫이 가장 작을 때의 값을 구하면?

답 _____

4 주스 2 L를 한 사람에게 0.3 L씩 나누어 주려고 합니다. 주스를 남김없이 모두 나누어 주려면 주스는 적어도 몇 L 더 필요한가요?

❶ 주스를 나누어 줄 수 있는 사람 수와 남는 주스의 양은?

❷ 더 필요한 주스의 양은?

답 _____

60쪽 전체의 양을 구해 똑같이 나누기

1 병 2개에 식혜가 각각 2.4 L, 1.2 L 담겨 있습니다. 이 식혜를 한 사람에게 0.4 L씩 나누어 준다면 모두 몇 사람에게 나누어 줄 수 있나요?

(풀이)

답 _____

58쪽 가격 비교하기

2 어느 채소 가게에서 당근 1.8 kg을 4500원에 판매하고, 양파 2.2 kg을 5720원에 판매합니다. 당근과 양파 중 더 싼 채소는 어느 것인가요?

(풀이)

답 _____

60쪽 전체의 양을 구해 똑같이 나누기

3 한 자루에 5.6 kg인 고춧가루가 4자루 있습니다. 이 고춧가루를 한 통에 1.4 kg씩 나누어 담는다면 몇 통에 담을 수 있나요?

(풀이)

답 _____

64쪽 1 m의 무게를 이용하여 계산하기

4 굵기가 일정한 나무토막 3.3 m의 무게가 18.15 kg입니다. 같은 굵기의 나무토막의
무게가 13.2 kg일 때, 이 나무토막의 길이는 몇 m인가요?

(풀이)

답 _____

66쪽 갈 수 있는 거리 구하기

5 일정한 빠르기로 1시간 36분 동안 128 km를 갈 수 있는 트럭이 있습니다.
이 트럭으로 2시간 45분 동안 갈 수 있는 거리는 몇 km인가요?

(풀이)

답 _____

70쪽 몫이 가장 클(작을) 때의 값 구하기

6 수 카드 0 , 6 , 8 , 5 를 한 번씩 모두 사용하여
(소수 한 자리 수)÷(소수 한 자리 수)를 만들려고 합니다.
몫이 가장 클 때의 값을 구해 보세요.

(풀이)

답 _____

72쪽 남김없이 모두 담을 때 더 필요한 양 구하기

7 어느 복지관에서 팥죽 17.4 kg을 한 사람에게 0.4 kg씩 나누어 주려고 합니다.
팥죽을 남김없이 모두 나누어 주려면 팥죽은 적어도 몇 kg 더 필요한가요?

(풀이)

답 _____

66쪽 갈 수 있는 거리 구하기

8 일정한 빠르기로 1시간 30분 동안 67.5 km를 갈 수 있는 오토바이가 있습니다.
미술관과 공원 중 이 오토바이로 18분 동안 달리면 도착하는 장소는 어디인가요?

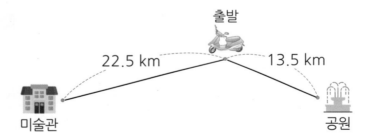

출발

22.5 km   13.5 km

미술관   공원

(풀이)

답 _____

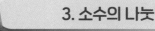

70쪽 묷이 가장 클(작을) 때의 값 구하기

9 수 카드 5 , 4 , 0 , 8 , 6 을 한 번씩 모두 사용하여
(소수 두 자리 수)÷(소수 한 자리 수)를 만들려고 합니다. 묷이 가장 작을 때의 값은
얼마인지 반올림하여 소수 둘째 자리까지 나타내어 보세요.

풀이

답 _____

72쪽 남김없이 모두 담을 때 더 필요한 양 구하기

10

도전 문제

화영이네 학교에 한 상자에 1.8 kg인 철가루가 3상자 있습니다. 철가루를
한 봉지에 0.25 kg씩 나누어 담으려고 합니다. 철가루를 남김없이 모두 나누어
담으려면 철가루는 적어도 몇 kg 더 필요한가요?

❶ 전체 철가루의 무게는?

❷ 철가루를 담은 봉지의 수와 남는 철가루의 무게는?

❸ 더 필요한 철가루의 무게는?

답 _____

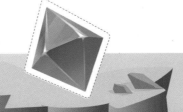

왕관을 꾸밀 보석을
찾으러 가 볼까?

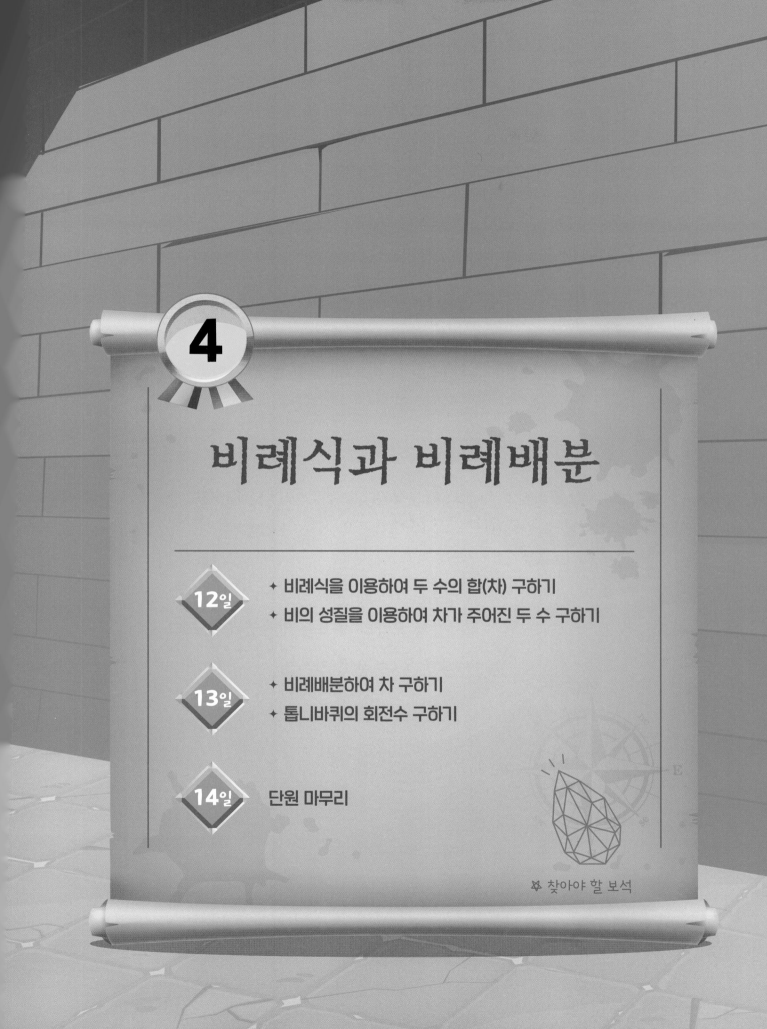

비례식과 비례배분

4

12일
✦ 비례식을 이용하여 두 수의 합(차) 구하기
✦ 비의 성질을 이용하여 차가 주어진 두 수 구하기

13일
✦ 비례배분하여 차 구하기
✦ 톱니바퀴의 회전수 구하기

14일
단원 마무리

✿ 찾아야 할 보석

함께 풀어 봐요!

보석을 찾으며 빈칸에 알맞은 수를 써 보세요.

꽃밭에 장미가 16송이, 튤립이 20송이 있어. 장미와 튤립의 수를 간단한 자연수의 비로 나타내면 4 : ☐ (이)야.

연수는 가로와 세로의 비가 5 : 3인 직사각형 모양의 카드를 만들었어. 카드의 세로가 9 cm라면 가로는 ☐ cm야.

사탕 35개를 승우와 현아가

3 : 4로 나누어 가지면 승우는

$35 \times \boxed{} = \boxed{}$ (개) 가질 수 있고,

현아는 $35 \times \boxed{} = \boxed{}$ (개)

가질 수 있어.

1

유찬이와 성희가 빚은 만두의 수의 비는
3 : 5입니다. /

유찬이가 빚은 만두가 42개라면 /

성희는 유찬이보다 만두를 몇 개 더 많이
빚었나요? ──→ 구해야 할 것

문제 돋보기

✓ 유찬이와 성희가 빚은 만두의 수의 비는?

→ ☐ : ☐

✓ 유찬이가 빚은 만두의 수는?

→ ☐ 개

◆ 구해야 할 것은?

→ 성희가 유찬이보다 더 많이 빚은 만두의 수

풀이 과정

❶ 성희가 빚은 만두의 수는?

성희가 빚은 만두의 수를 ■개라 하여 비례식을 세우면

3 : 5 = ☐ : ■입니다.

⇨ ☐ × ■ = 5 × ☐ , ☐ × ■ = ☐ , ■ = ☐
외항의 곱 └   └→ 내항의 곱

❷ 성희가 유찬이보다 더 많이 빚은 만두의 수는?

☐ − ☐ = ☐ (개)

답 _____

왼쪽 ❶번과 같이 문제에 색칠하고 밑줄을 그어 가며 문제를 풀어 보세요.

1-1 연필꽂이에 있는 연필과 볼펜의 수의 비는 7 : 4입니다. / 볼펜이 20자루라면 /
연필꽂이에 있는 연필과 볼펜은 모두 몇 자루인가요?

문제 돌보기

✓ 연필과 볼펜의 수의 비는?

→ ☐ : ☐

✓ 볼펜의 수는?

→ ☐ 자루

◆ 구해야 할 것은?

→ _____

풀이 과정

❶ 연필의 수는?

연필의 수를 ■자루라 하여 비례식을 세우면

7 : 4 = ■ : ☐ 입니다.

⇨ 7 × ☐ = ☐ × ■, ☐ × ■ = ☐ , ■ = ☐

❷ 연필꽂이에 있는 연필과 볼펜의 수의 합은?

☐ + ☐ = ☐ (자루)

답 _____

문제가
어려웠나요?

☐ 어려워요

☐ 적당해요

☐ 쉬워요

2 소금과 물을 2 : 7의 비로 섞어 / 소금물을 만들었습니다. /

소금과 물의 양의 차가 20 g일 때, /

소금과 물은 각각 몇 g인가요?

       ⌐→ 구해야 할 것

문제 돋보기

✓ 소금과 물의 양의 비는? → ☐ : ☐

✓ 소금과 물의 양의 차는? → ☐ g

◆ 구해야 할 것은?

    → <u>   소금의 양과 물의 양   </u>

풀이 과정

❶ 소금과 물의 양을 비의 성질을 이용하여 나타내면?

비의 전항과 후항에 0이 아닌 같은 수를 곱하여도 비율은 같으므로

2 : 7에서 소금의 양을 (2 × ■) g이라 하면 물의 양은 (☐ × ■) g입니다.

❷ 소금의 양과 물의 양은?

소금과 물의 양의 차가 20 g이므로

☐ × ■ − 2 × ■ = 20, ☐ × ■ = 20, ■ = ☐ 입니다.

(소금의 양) = 2 × ■ = ☐ × ☐ = ☐ (g)

(물의 양) = ☐ × ■ = ☐ × ☐ = ☐ (g)

답 소금 _____ , 물 _____

> 왼쪽 **2**번과 같이 문제에 색칠하고 밑줄을 그어 가며 문제를 풀어 보세요.

2-1 사과와 당근을 6 : 5의 비로 섞어 / 주스를 만들었습니다. /
사과와 당근의 무게의 차가 30 g일 때, / 사과와 당근은 각각 몇 g인가요?

 문제 돋보기

✔ 사과와 당근의 무게의 비는? → ☐ : ☐

✔ 사과와 당근의 무게의 차는? → ☐ g

◆ 구해야 할 것은?

→ _____

풀이 과정

❶ 사과와 당근의 무게를 비의 성질을 이용하여 나타내면?

비의 전항과 후항에 0이 아닌 같은 수를 곱하여도 비율은 같으므로

6 : 5에서 사과의 무게를 (6 × ■) g이라 하면 당근의 무게는 (☐ × ■) g입니다.

❷ 사과의 무게와 당근의 무게는?

사과와 당근의 무게의 차가 30 g이므로

6 × ■ − ☐ × ■ = 30, ■ = ☐ 입니다.

(사과의 무게) = 6 × ■ = ☐ × ☐ = ☐ (g)

(당근의 무게) = ☐ × ■ = ☐ × ☐ = ☐ (g)

답 사과 _____, 당근 _____

문제가
어려웠나요?

☐ 어려워요

☐ 적당해요

☐ 쉬워요

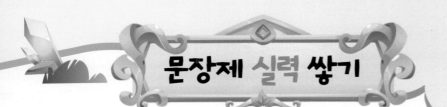
문제를 읽고 '연습하기'에서 했던 것처럼 밑줄을 그어 가며 문제를 풀어 보세요.

1 꽃다발을 만드는 데 사용한 장미와 백합의 수의 비는 2 : 3입니다. 장미가 12송이라면 꽃다발을 만드는 데 사용한 장미와 백합은 모두 몇 송이인가요?

❶ 백합의 수는?

❷ 꽃다발을 만드는 데 사용한 장미와 백합의 수의 합은?

답 _____

2 잡곡밥을 짓는 데 사용한 쌀과 현미의 무게의 비는 9 : 4입니다. 현미가 160 g이라면 쌀은 현미보다 몇 g 더 많은가요?

❶ 쌀의 무게는?

❷ 쌀은 현미보다 몇 g 더 많은지 구하면?

답 _____

3 빨간색 물감과 흰색 물감을 9 : 13의 비로 섞어 분홍색 물감을 만들었습니다. 빨간색 물감과
흰색 물감의 양의 차가 16 mL일 때, 빨간색 물감과 흰색 물감은 각각 몇 mL인가요?

❶ 빨간색 물감과 흰색 물감의 양을 비의 성질을 이용하여 나타내면?

❷ 빨간색 물감의 양과 흰색 물감의 양은?

답 빨간색 물감 _____, 흰색 물감 _____

4 책꽂이에 꽂혀 있는 과학책과 위인전의 수의 비는 8 : 5입니다. 과학책이 위인전보다
18권 더 많을 때, 과학책과 위인전은 각각 몇 권인가요?

❶ 과학책과 위인전의 수를 비의 성질을 이용하여 나타내면?

❷ 과학책의 수와 위인전의 수는?

답 과학책 _____, 위인전 _____

문장제 연습하기

✦ 비례배분하여 차 구하기

1

딱지 140개를 진호와 혜수가 3 : 7로 /

나누어 가지려고 합니다. /

혜수는 진호보다 딱지를 몇 개 더 많이 가지게 되나요?

⌇⌇⌇⌇⌇⌇⌇⌇⌇ → 구해야 할 것

문제 돋보기

✓ 전체 딱지의 수는?

→ ☐ 개

✓ 진호와 혜수가 나누어 가지는 딱지의 수의 비는?

→ ☐ : ☐

◆ 구해야 할 것은?

→ 혜수가 진호보다 더 많이 가지게 되는 딱지의 수

풀이 과정

❶ 진호와 혜수가 각각 가지게 되는 딱지의 수는?

진호: ☐ × $\dfrac{\boxed{}}{3+\boxed{}}$ = ☐ (개)

혜수: ☐ × $\dfrac{\boxed{}}{\boxed{}+7}$ = ☐ (개)

❷ 혜수가 진호보다 더 많이 가지게 되는 딱지의 수는?

☐ − ☐ = ☐ (개)

답 _____

왼쪽 ❶번과 같이 문제에 색칠하고 밑줄을 그어 가며 문제를 풀어 보세요.

1-1 어느 날 낮과 밤의 시간의 비가 5 : 3이라면 /
낮은 밤보다 몇 시간 더 긴가요?

문제 돋보기

✓ 하루의 시간은?

→ ☐ 시간

✓ 낮과 밤의 시간의 비는?

→ ☐ : ☐

◆ 구해야 할 것은?

→ _____

풀이 과정

❶ 낮과 밤은 각각 몇 시간인지 구하면?

낮: ☐ × $\dfrac{☐}{5+☐}$ = ☐ (시간)

밤: ☐ × $\dfrac{☐}{☐+3}$ = ☐ (시간)

❷ 낮이 밤보다 몇 시간 더 긴지 구하면?

☐ − ☐ = ☐ (시간)

답 _____

문제가
어려웠나요?

맞물려 돌아가는 두 톱니바퀴 ㉠와 ㉡가 있습니다. /

㉠의 톱니는 12개이고, ㉡의 톱니는 18개입니다. /

㉠가 9바퀴 돌 때 /

㉡는 몇 바퀴 도는지 구해 보세요.

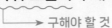 구해야 할 것

문제 돌보기

✓ ㉠와 ㉡의 톱니 수는?

→ ㉠: ☐ 개, ㉡: ☐ 개

◆ 구해야 할 것은?

→ ㉠가 9바퀴 돌 때 ㉡의 회전수

풀이 과정

❶ ㉠와 ㉡의 회전수의 비는?

(㉠의 톱니 수) × (㉠의 회전수) = (㉡의 톱니 수) × (㉡의 회전수)이므로

12 × (㉠의 회전수) = 18 × (㉡의 회전수)입니다.

(㉠의 회전수) : (㉡의 회전수) = 18 : ☐ 이므로

㉡의 톱니 수 ┘   └→ ㉠의 톱니 수

간단한 자연수의 비로 나타내면 3 : ☐ 입니다.

❷ ㉠가 9바퀴 돌 때 ㉡의 회전수는?

㉠가 9바퀴 돌 때 ㉡의 회전수를 ■바퀴라 하여 비례식을 세우면

3 : ☐ = 9 : ■입니다.

⇨ ☐ × ■ = ☐ × 9, ☐ × ■ = ☐, ■ = ☐

답 _____

왼쪽 **2**번과 같이 문제에 색칠하고 밑줄을 그어 가며 문제를 풀어 보세요.

2-1 맞물려 돌아가는 두 톱니바퀴 ㉮와 ㉯가 있습니다. / ㉮의 톱니는 14개이고, ㉯의 톱니는 8개입니다. / ㉯가 35바퀴 돌 때 / ㉮는 몇 바퀴 도는지 구해 보세요.

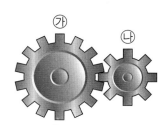

문제 돋보기

✓ ㉮와 ㉯의 톱니 수는?

→ ㉮: ☐ 개, ㉯: ☐ 개

◆ 구해야 할 것은?

→ _____

풀이 과정

❶ ㉮와 ㉯의 회전수의 비는?

(㉮의 톱니 수) × (㉮의 회전수) = (㉯의 톱니 수) × (㉯의 회전수)이므로

14 × (㉮의 회전수) = 8 × (㉯의 회전수)입니다.

(㉮의 회전수) : (㉯의 회전수) = 8 : ☐ 이므로

간단한 자연수의 비로 나타내면 4 : ☐ 입니다.

❷ ㉯가 35바퀴 돌 때 ㉮의 회전수는?

㉯가 35바퀴 돌 때 ㉮의 회전수를 ■바퀴라 하여 비례식을 세우면

4 : ☐ = ■ : 35입니다.

⇨ ☐ × 35 = ☐ × ■, ☐ × ■ = ☐ , ■ = ☐

답 _____

문제가 어려웠나요?

☐ 어려워요
☐ 적당해요
☐ 쉬워요

문제를 읽고 '연습하기'에서 했던 것처럼 밑줄을 그어 가며 문제를 풀어 보세요.

1 보현이는 아버지의 생신 선물 가격 18000원을 동생과 나누어 내려고 합니다.
보현이는 동생보다 얼마를 더 내야 하나요?

나와 동생이 5 : 4로
나누어 내면 되겠다.

❶ 보현이와 동생이 각각 내야 하는 금액은?

❷ 보현이가 동생보다 더 내야 하는 금액은?

답 _____

2 구슬 90개를 현우와 진서가 8 : 7로 나누어 가지려고 합니다. 누가 구슬을 몇 개 더 많이
가지게 되나요?

❶ 현우와 진서가 각각 가지게 되는 구슬의 수는?

❷ 누가 구슬을 몇 개 더 많이 가지게 되는지 구하면?

답 _____, _____

3 맞물려 돌아가는 두 톱니바퀴 ㉮와 ㉯가 있습니다. ㉮의 톱니는 24개이고, ㉯의 톱니는 30개입니다. ㉮가 40바퀴 돌 때 ㉯는 몇 바퀴 도는지 구해 보세요.

❶ ㉮와 ㉯의 회전수의 비는?

❷ ㉮가 40바퀴 돌 때 ㉯의 회전수는?

답 _____

4 맞물려 돌아가는 두 톱니바퀴 ㉮와 ㉯가 있습니다. ㉮의 톱니는 16개이고, ㉯의 톱니는 12개입니다. ㉯가 28바퀴 돌 때 ㉮는 몇 바퀴 도는지 구해 보세요.

❶ ㉮와 ㉯의 회전수의 비는?

❷ ㉯가 28바퀴 돌 때 ㉮의 회전수는?

답 _____

86쪽 비의 성질을 이용하여 차가 주어진 두 수 구하기

1 7 : 5와 비율이 같은 자연수의 비 중에서 전항과 후항의 차가 14인 비를 구해 보세요.

(풀이)

답 _____

84쪽 비례식을 이용하여 두 수의 합(차) 구하기

2 오늘 수목원에 방문한 남자와 여자의 수의 비는 8 : 11입니다. 수목원에 방문한 남자가 32명이라면 오늘 수목원에 방문한 사람은 모두 몇 명인가요?

(풀이)

답 _____

90쪽 비례배분하여 차 구하기

3 수호는 어제와 오늘 책을 88쪽 읽었습니다. 어제와 오늘 읽은 책의 쪽수의 비가 3 : 8이라면 오늘은 어제보다 몇 쪽 더 많이 읽었나요?

(풀이)

답 _____

86쪽 비의 성질을 이용하여 차가 주어진 두 수 구하기

4
어느 공원에 은행나무와 벚나무를 6 : 11의 비로 심었습니다. 은행나무와 벚나무의
수의 차가 15그루일 때, 은행나무와 벚나무는 각각 몇 그루인가요?

(풀이)

📝 답 은행나무 ＿＿＿＿＿＿＿, 벚나무 ＿＿＿＿＿＿＿

84쪽 비례식을 이용하여 두 수의 합(차) 구하기

5
팔찌를 한 개 만드는 데 파란색 구슬 4개와 노란색 구슬 13개가 필요합니다.
파란색 구슬 52개를 모두 사용하여 팔찌를 만들었다면 노란색 구슬은 파란색
구슬보다 몇 개 더 많이 사용했나요?

(풀이)

📝 답 ＿＿＿＿＿＿＿＿＿＿

84쪽 비례식을 이용하여 두 수의 합(차) 구하기

6
직사각형의 가로와 세로의 길이의 비는 5 : 6입니다. 직사각형의 세로가 18 cm일 때
직사각형의 둘레는 몇 cm인가요?

(풀이)

📝 답 ＿＿＿＿＿＿＿＿＿＿

7 `92쪽` 톱니바퀴의 회전수 구하기

맞물려 돌아가는 두 톱니바퀴 ㉮와 ㉯가 있습니다.
㉮의 톱니는 18개이고, ㉯의 톱니는 14개입니다.
㉮가 56바퀴 돌 때 ㉯는 몇 바퀴 도는지
구해 보세요.

풀이

답 _____

8 `92쪽` 톱니바퀴의 회전수 구하기

맞물려 돌아가는 두 톱니바퀴 ㉮와 ㉯가 있습니다. ㉮의 톱니는 12개이고,
㉯의 톱니는 21개입니다. ㉯가 28바퀴 돌 때 ㉮는 ㉯보다 몇 바퀴를 더 많이 도는지
구해 보세요.

풀이

답 _____

왼쪽 ❶번과 같이 문제에 색칠하고 밑줄을 그어 가며 문제를 풀어 보세요.

1-1 오른쪽 도형에서 색칠한 부분의 넓이는 /
몇 cm²인가요? (원주율: 3)

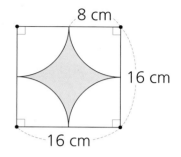

문제 돋보기

✓ 주어진 도형에서 찾을 수 있는 도형은?

→ 한 변의 길이가 ☐ cm인 정사각형과

　반지름이 ☐ cm인 원의 일부가 4개 있습니다.

◆ 구해야 할 것은?

→ _____

풀이 과정

❶ 색칠한 부분을 옮겨 넓이를 구하기 쉬운 모양으로 바꾸면?

원의 일부 4개를 오른쪽과 같이 옮기면

한 변의 길이가 ☐ cm인 정사각형과

반지름이 ☐ cm인 원이 됩니다.

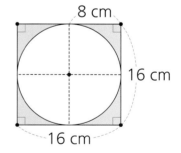

❷ 색칠한 부분의 넓이는?

색칠한 부분의 넓이는 한 변의 길이가 ☐ cm인 정사각형의

넓이에서 반지름이 ☐ cm인 원의 넓이를 빼서 구합니다.

⇨ ☐ × ☐ − ☐ × ☐ × ☐ = ☐ (cm²)

탑 _____

문제가
어려웠나요?

☐ 어려워요

☐ 적당해요

☐ 쉬워요

2 밑면의 반지름이 4 cm인 /
원 모양의 음료수 캔 3개를 /
끈으로 겹치지 않게 한 바퀴 둘렀습니다. /
사용한 끈의 길이는 몇 cm인가요? (원주율: 3.1)
~~~~~~~~~~~~~
⟶ 구해야 할 것

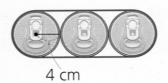

4 cm

문제 돋보기

✔ 음료수 캔의 밑면의 반지름은? → ⬚ cm

✔ 음료수 캔의 수는? → ⬚ 개

◆ 구해야 할 것은?

→ _____사용한 끈의 길이_____

풀이 과정

❶ 직선 부분의 길이의 합은?

직선 부분의 길이의 합은 밑면의 반지름의 ⬚ 배이므로

4 × ⬚ = ⬚ (cm)입니다.

❷ 곡선 부분의 길이의 합은?

곡선 부분의 길이의 합은 반지름이 4 cm인 원의 ⬚ 와 같으므로

4 × ⬚ × ⬚ = ⬚ (cm)입니다.

❸ 사용한 끈의 길이는?

⬚ + ⬚ = ⬚ (cm)
┗ 직선 부분의 길이의 합 ┛   ┗ 곡선 부분의 길이의 합 ┛

답 _____

왼쪽 **2**번과 같이 문제에 색칠하고 밑줄을 그어 가며 문제를 풀어 보세요.

2-1 밑면의 지름이 12 cm인 / 원 모양의 통조림 캔 4개를 / 끈으로 겹치지 않게 한 바퀴 둘렀습니다. / 사용한 끈의 길이는 몇 cm인가요? (원주율: 3.14)

12 cm

문제 돋보기

✔ 통조림 캔의 밑면의 지름은? → ☐ cm

✔ 통조림 캔의 수는? → ☐ 개

◆ 구해야 할 것은?

→ _____

풀이 과정

❶ 직선 부분의 길이의 합은?

직선 부분의 길이의 합은 밑면의 지름의 ☐ 배이므로

12 × ☐ = ☐ (cm)입니다.

❷ 곡선 부분의 길이의 합은?

곡선 부분의 길이의 합은 지름이 12 cm인 원의 ☐ 와 같으므로

12 × ☐ = ☐ (cm)입니다.

❸ 사용한 끈의 길이는?

☐ + ☐ = ☐ (cm)

답 _____

문제가 어려웠나요?

☐ 어려워요

☐ 적당해요

☐ 쉬워요

✦ 색칠한 부분의 넓이 구하기
✦ 끈의 길이 구하기

문제를 읽고 '연습하기'에서 했던 것처럼 밑줄을 그어 가며 문제를 풀어 보세요.

1 오른쪽 도형에서 색칠한 부분의 넓이는 몇 cm²인가요?

(원주율: 3.14)

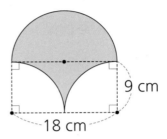

9 cm

18 cm

❶ 색칠한 부분을 옮겨 넓이를 구하기 쉬운 모양으로 바꾸면?

❷ 색칠한 부분의 넓이는?

답 _____

2 오른쪽 도형에서 색칠한 부분의 넓이는 몇 cm²인가요?

(원주율: 3.1)

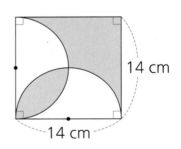

14 cm

14 cm

❶ 색칠한 부분을 옮겨 넓이를 구하기 쉬운 모양으로 바꾸면?

❷ 색칠한 부분의 넓이는?

답 _____

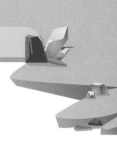

3 밑면의 지름이 11 cm인 원 모양의 참치 캔 4개를 종이 띠로 겹치지 않게 한 바퀴 둘렀습니다. 사용한 종이 띠의 길이는 몇 cm인가요? (원주율: 3)

11 cm

❶ 직선 부분의 길이의 합은?

❷ 곡선 부분의 길이의 합은?

❸ 사용한 종이 띠의 길이는?

답 _____

4 밑면의 반지름이 5 cm인 원 모양의 음료수 캔 3개를 끈으로 겹치지 않게 한 바퀴 둘렀습니다. 사용한 끈의 길이는 몇 cm인가요? (원주율: 3.14)

5 cm

❶ 직선 부분의 길이의 합은?

❷ 곡선 부분의 길이의 합은?

❸ 사용한 끈의 길이는?

답 _____

104쪽 원을 굴린 바퀴 수 구하기

1 지름이 20 cm인 원 모양의 바퀴 자를 몇 바퀴 굴렸더니 124 cm 굴러갔습니다.
바퀴 자를 몇 바퀴 굴린 것인가요? (원주율: 3.1)

(풀이)

답 _____

110쪽 색칠한 부분의 넓이 구하기

2 운재는 오른쪽과 같이 무지개를 그렸습니다. 무지개의
넓이는 몇 cm²인가요? (원주율: 3.14)

(풀이)

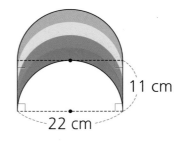

11 cm

22 cm

답 _____

106쪽 원의 넓이(원주)를 이용하여 원주(원의 넓이) 구하기

3 둘레가 43.4 cm인 원 모양의 접시가 있습니다. 이 접시의 넓이는 몇 cm²인가요?

(원주율: 3.1)

(풀이)

답 _____

106쪽 원의 넓이(원주)를 이용하여 원주(원의 넓이) 구하기

4 채호는 넓이가 254.34 cm²인 원을 그렸습니다. 채호가 그린 원의 둘레는
몇 cm인가요? (원주율: 3.14)

풀이

답 _____

110쪽 색칠한 부분의 넓이 구하기

5 오른쪽 도형에서 색칠한 부분의 넓이는
몇 cm²인가요? (원주율: 3.14)

풀이

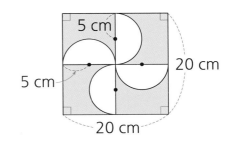

답 _____

112쪽 끈의 길이 구하기

6 밑면의 지름이 13 cm인 원 모양의 두루마리 휴지 2개를
끈으로 겹치지 않게 한 바퀴 둘렀습니다. 사용한 끈의 길이는
몇 cm인가요? (원주율: 3)

풀이

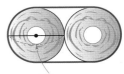

답 _____

110쪽 색칠한 부분의 넓이 구하기

7 오른쪽 도형에서 색칠한 부분의 넓이는 몇 cm²인가요?

(원주율: 3.1)

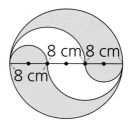

8 cm 8 cm

8 cm

풀이

답 _____

112쪽 끈의 길이 구하기

8 태규는 100 cm 길이의 끈으로 밑면의 반지름이 7 cm인 원 모양의 음료수 캔 3개를 겹치지 않게 한 바퀴 둘렀습니다. 사용하고 남은 끈의 길이는 몇 cm인가요? (원주율: 3.14)

7 cm

풀이

답 _____

104쪽 원을 굴린 바퀴 수 구하기

9

찬희와 성후가 굴린 훌라후프의 지름과 굴러간 거리가 다음과 같습니다. 찬희와 성후 중 누가 훌라후프를 몇 바퀴 더 많이 굴렸는지 구해 보세요. (원주율: 3.1)

	훌라후프의 지름	굴러간 거리
찬희	60 cm	1674 cm
성후	65 cm	1612 cm

풀이

답 _____ , _____

104쪽 원을 굴린 바퀴 수 구하기

106쪽 원의 넓이(원주)를 이용하여 원주(원의 넓이) 구하기

10

도전 문제

넓이가 768 cm²인 원판을 몇 바퀴 굴렸더니 288 cm 굴러갔습니다. 원판을 몇 바퀴 굴린 것인가요? (원주율: 3)

❶ 원판의 반지름은?

❷ 원판이 한 바퀴 굴러간 거리는?

❸ 원판을 굴린 바퀴 수는?

답 _____

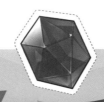

왕관을 꾸밀 보석을
찾으러 가 볼까?

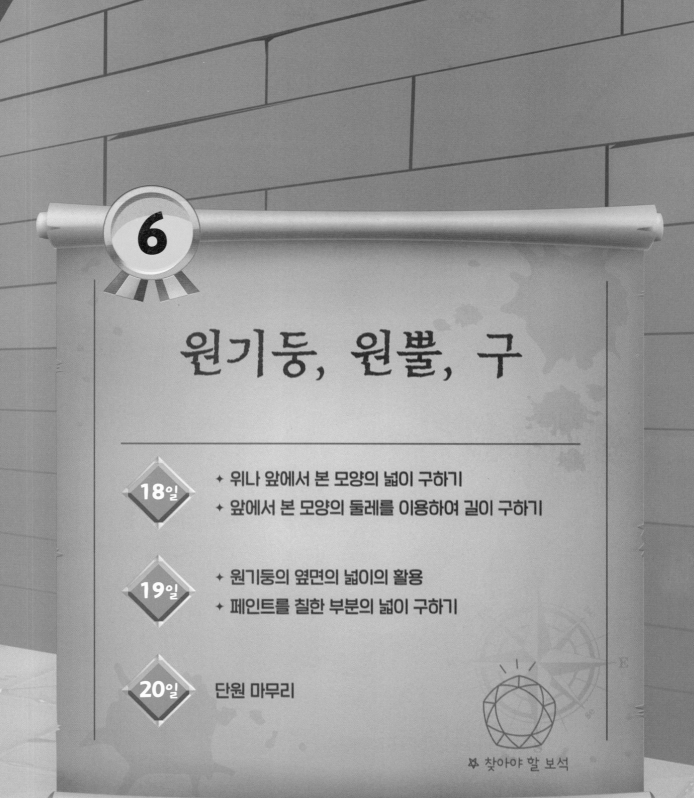

6

원기둥, 원뿔, 구

18일
✦ 위나 앞에서 본 모양의 넓이 구하기
✦ 앞에서 본 모양의 둘레를 이용하여 길이 구하기

19일
✦ 원기둥의 옆면의 넓이의 활용
✦ 페인트를 칠한 부분의 넓이 구하기

20일
단원 마무리

✧ 찾아야 할 보석

함께 풀어 봐요!

보석을 찾으며 알맞은 말에 ○표 하고, 빈칸에 알맞은 수나 말을
써 보세요.

한 변을 기준으로 직사각형을 한 바퀴
돌리면 (원기둥 , 원뿔 , 구)이/가 돼.

왼쪽 원뿔을 위에서 본

모양은 [   ]이고, 앞에서 본

모양은 [   ]이야.

4 cm

원기둥의 전개도에서 옆면의 가로는 밑면의 둘레와 같아. 원주율이 3일 때 옆면의 가로는 ☐ × ☐ × ☐ = ☐ (cm)야.

1 지연이는 케이크 만들기 체험에서 /

원기둥 모양의 케이크를 만들었습니다. /

케이크를 앞에서 본 모양의 넓이는 몇 cm²인가요?

→ 구해야 할 것

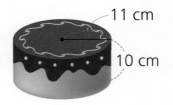

11 cm

10 cm

문제 돋보기

✓ 케이크의 밑면의 반지름과 높이는?

→ 밑면의 반지름: ☐ cm

높이: ☐ cm

◆ 구해야 할 것은?

→ _____ 케이크를 앞에서 본 모양의 넓이 _____

풀이 과정

❶ 케이크를 앞에서 본 모양은?

케이크는 원기둥 모양이므로 앞에서 본 모양은

가로가 ☐ ×2＝ ☐ (cm), 세로가 ☐ cm인

└→ 밑면의 지름   └→ 원기둥 높이

☐ 입니다.

❷ 케이크를 앞에서 본 모양의 넓이는?

☐ × ☐ ＝ ☐ (cm²)

답 _____

124

왼쪽 ❶번과 같이 문제에 색칠하고 밑줄을 그어 가며 문제를 풀어 보세요.

1-1 주차장에 원뿔 모양의 교통콘이 있습니다. / 교통콘을 위에서 본 모양의 넓이는 몇 cm²인가요? (원주율: 3.14)

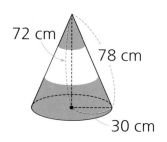

문제 돋보기

✓ 교통콘의 밑면의 반지름과 높이는?

→ 밑면의 반지름: [   ] cm

높이: [   ] cm

◆ 구해야 할 것은?

→ _____

풀이 과정

❶ 교통콘을 위에서 본 모양은?

교통콘은 원뿔 모양이므로 위에서 본 모양은

반지름이 [   ] cm인 [   ]입니다.

❷ 교통콘을 위에서 본 모양의 넓이는?

[   ] × [   ] × [   ] = [   ] (cm²)

답 _____

문제가 어려웠나요?

☐ 어려워요

☐ 적당해요

☐ 쉬워요

125

문장제 연습하기

✦ 앞에서 본 모양의 둘레를 이용하여 길이 구하기

 2 오른쪽 원기둥과 구를 앞에서 본 모양의 /

둘레는 서로 같습니다. /

구의 반지름은 몇 cm인가요? (원주율: 3.1)
~~~~~~~~~~
→ 구해야 할 것

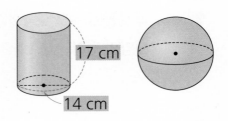

17 cm

14 cm

 문제 돋보기

✓ 원기둥과 구를 앞에서 본 모양은?

→ 원기둥을 앞에서 본 모양: ☐ , 구를 앞에서 본 모양: ☐

✓ 원기둥과 구를 앞에서 본 모양의 둘레를 비교하면?

→ (원기둥을 앞에서 본 모양의 둘레) ◯ (구를 앞에서 본 모양의 둘레)

✓ 원기둥의 밑면의 지름과 높이는?

→ 밑면의 지름: ☐ cm, 높이: ☐ cm

◆ 구해야 할 것은?

→ _____ 구의 반지름 _____

 풀이 과정

❶ 원기둥을 앞에서 본 모양의 둘레는?

원기둥을 앞에서 본 모양은 가로가 ☐ cm, 세로가 ☐ cm인

직사각형이므로 둘레는 (☐ + ☐) × 2 = ☐ (cm)입니다.

❷ 구의 반지름은?

구의 반지름을 ■ cm라 하면 구를 앞에서 본 모양은 반지름이 ■ cm인 원입니다.

⇨ ■ × 2 × 3.1 = ☐ , ■ × ☐ = ☐ , ■ = ☐

└→ (구를 앞에서 본 모양의 둘레)
　　=(원기둥을 앞에서 본 모양의 둘레)

답 _____

왼쪽 **2**번과 같이 문제에 색칠하고 밑줄을 그어 가며 문제를 풀어 보세요.

2-1 오른쪽 구 모양의 공과 원뿔 모양의 고깔모자를 /
앞에서 본 모양의 / 둘레는 서로 같습니다. /
고깔모자의 밑면의 반지름은 몇 cm인가요?

(원주율: 3)

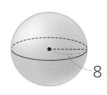 8 cm  16 cm

문제 돋보기

✓ 공과 고깔모자를 앞에서 본 모양은?

→ 공을 앞에서 본 모양: [   ], 고깔모자를 앞에서 본 모양: [   ]

✓ 공과 고깔모자를 앞에서 본 모양의 둘레를 비교하면?

→ (공을 앞에서 본 모양의 둘레) ◯ (고깔모자를 앞에서 본 모양의 둘레)

✓ 공의 반지름과 고깔모자의 모선의 길이는?

→ 공의 반지름: [   ] cm, 고깔모자의 모선의 길이: [   ] cm

◆ 구해야 할 것은?

→ _____

풀이 과정

❶ 공을 앞에서 본 모양의 둘레는?

공을 앞에서 본 모양은 반지름이 [   ] cm인 원이므로

둘레는 [   ] × 2 × [   ] = [   ] (cm)입니다.

❷ 고깔모자의 밑면의 반지름은?

고깔모자의 밑면의 반지름을 ■ cm라 하면 고깔모자를 앞에서 본 모양은

세 변의 길이가 각각 (■ × 2) cm, [   ] cm, [   ] cm인 삼각형입니다.

⇨ ■ × 2 + [   ] + [   ] = [   ] , ■ × 2 = [   ] , ■ = [   ]

답 _____

문제가
어려웠나요?

◻ 어려워요
◻ 적당해요
◻ 쉬워요

127

문제를 읽고 '연습하기'에서 했던 것처럼 밑줄을 그어 가며 문제를 풀어 보세요.

1 오른쪽 원뿔을 앞에서 본 모양의 넓이는 몇 cm²인가요?

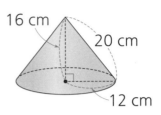

❶ 원뿔을 앞에서 본 모양은?

❷ 원뿔을 앞에서 본 모양의 넓이는?

답 _____

2 오른쪽과 같이 원기둥 모양의 통이 있습니다. 이 통을 위에서 본 모양의 넓이는 몇 cm²인가요? (원주율: 3)

❶ 통을 위에서 본 모양은?

❷ 통을 위에서 본 모양의 넓이는?

답 _____

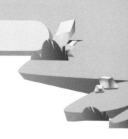

3 오른쪽 원뿔과 구를 앞에서 본 모양의 둘레는 서로 같습니다. 구의 반지름은 몇 cm인가요? (원주율: 3.1)

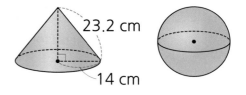

❶ 원뿔을 앞에서 본 모양의 둘레는?

❷ 구의 반지름은?

답 _____

4 오른쪽 구 모양의 공과 원기둥 모양의 페인트 통을 앞에서 본 모양의 둘레는 서로 같습니다. 페인트 통의 높이는 몇 cm인가요? (원주율: 3.14)

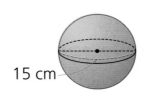

❶ 공을 앞에서 본 모양의 둘레는?

❷ 페인트 통의 높이는?

답 _____

문장제 연습하기

✦**원기둥의 옆면의 넓이의 활용**

1 오른쪽은 **밑면의 지름이 9 cm, 높이가 8 cm인** / 원기둥의 전개도입니다. / 이 원기둥의 옆면의 넓이는 몇 cm²인가요? (원주율: 3.1)

구해야 할 것

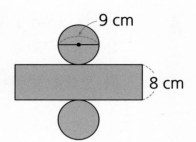

문제 돋보기

✓ 원기둥의 밑면의 지름과 높이는?

→ 밑면의 지름: ☐ cm

높이: ☐ cm

◆ 구해야 할 것은?

→ _____ 원기둥의 옆면의 넓이 _____

풀이 과정

❶ 원기둥의 전개도에서 옆면의 모양은?

원기둥의 전개도에서 옆면은

가로가 ☐ × 3.1 = ☐ (cm), 세로가 ☐ cm인

└→ 밑면의 둘레   └→ 원기둥의 높이

☐ 입니다.

❷ 원기둥의 옆면의 넓이는?

☐ × ☐ = ☐ (cm²)

답 _____

왼쪽 ❶번과 같이 문제에 색칠하고 밑줄을 그어 가며 문제를 풀어 보세요.

1-1 진하는 오른쪽과 같이 밑면의 지름이 8 cm, 옆면의 넓이가
100.48 cm²인 / 원기둥 모양의 참치 캔을 사왔습니다. / 이 참치 캔의
높이는 몇 cm인가요? (원주율: 3.14)

8 cm

문제 돋보기

✔ 참치 캔의 밑면의 지름과 옆면의 넓이는?

→ 밑면의 지름: ☐ cm

　옆면의 넓이: ☐ cm²

◆ 구해야 할 것은?

→ _____

풀이 과정

❶ 참치 캔의 전개도에서 옆면의 모양은?

참치 캔의 전개도에서 옆면은

가로가 ☐ × 3.14 = ☐ (cm), 세로가 참치 캔의 높이인

☐ 입니다.

❷ 참치 캔의 높이는?

(참치 캔의 높이) = (옆면의 넓이) ÷ (가로)

= ☐ ÷ ☐ = ☐ (cm)

답 _____

2 오른쪽과 같이 **밑면의 지름이 6 cm, 높이가 15 cm인** / 원기둥 모양 롤러의 옆면에 페인트를 묻힌 후 / **4바퀴 굴렸습니다.** / 페인트를 칠한 부분의 넓이는 몇 cm²인가요? (원주율: 3)

→ 구해야 할 것

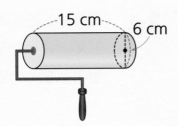

문제 돌보기

✓ 롤러의 밑면의 지름과 높이는?

→ 밑면의 지름: ☐ cm, 높이: ☐ cm

✓ 롤러를 굴린 바퀴 수는? → ☐ 바퀴

◆ 구해야 할 것은?

→ ───────── 페인트를 칠한 부분의 넓이 ─────────

풀이 과정

❶ 롤러의 옆면의 넓이는?

롤러의 전개도에서 옆면은 가로가 ☐ cm, 세로가 ☐ ×3= ☐ (cm)인

☐ 입니다.

⇨ (옆면의 넓이)= ☐ × ☐ = ☐ (cm²)

❷ 페인트를 칠한 부분의 넓이는?

롤러를 1바퀴 굴렸을 때 페인트를 칠한 부분의 넓이는 롤러의 옆면의 넓이와

같으므로 롤러를 4바퀴 굴렸을 때 페인트를 칠한 부분의 넓이는

☐ ×4= ☐ (cm²)입니다.

└ 옆면의 넓이

답 ─────────────

왼쪽 ❷번과 같이 문제에 색칠하고 밑줄을 그어 가며 문제를 풀어 보세요.

2-1 오른쪽과 같이 밑면의 반지름이 4 cm, 높이가 18 cm인 / 원기둥 모양의 롤러의 옆면에 페인트를 묻힌 후 / 5바퀴 굴렸습니다. / 페인트를 칠한 부분의 넓이는 몇 cm²인가요? (원주율: 3.1)

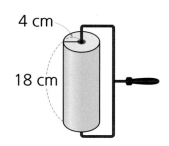

4 cm

18 cm

 문제 돋보기

✓ 롤러의 밑면의 반지름과 높이는?

→ 밑면의 반지름: ☐ cm, 높이: ☐ cm

✓ 롤러를 굴린 바퀴 수는? → ☐ 바퀴

◆ 구해야 할 것은?

→ _____

 풀이 과정

❶ 롤러의 옆면의 넓이는?

롤러의 전개도에서 옆면은 가로가 ☐ × 2 × 3.1 = ☐ (cm),

세로가 ☐ cm인 ☐ 입니다.

⇨ (옆면의 넓이) = ☐ × ☐ = ☐ (cm²)

❷ 페인트를 칠한 부분의 넓이는?

롤러를 1바퀴 굴렸을 때 페인트를 칠한 부분의 넓이는 롤러의 옆면의 넓이와

같으므로 롤러를 5바퀴 굴렸을 때 페인트를 칠한 부분의 넓이는

☐ × 5 = ☐ (cm²)입니다.

답 _____

문제가
어려웠나요?

☐ 어려워요

☐ 적당해요

☐ 쉬워요

문제를 읽고 '연습하기'에서 했던 것처럼 밑줄을 그어 가며 문제를 풀어 보세요.

1 오른쪽은 밑면의 반지름이 5 cm, 높이가 9 cm인 원기둥의
전개도입니다. 이 원기둥의 옆면의 넓이는 몇 cm²인가요?

(원주율: 3.14)

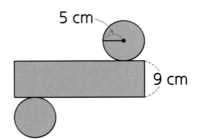

❶ 원기둥의 전개도에서 옆면의 모양은?

❷ 원기둥의 옆면의 넓이는?

답 _____

2 오른쪽과 같이 밑면의 지름이 25 cm, 옆면의 넓이가 3100 cm²인
원기둥 모양의 쓰레기통이 있습니다. 이 쓰레기통의 높이는 몇 cm인가요?

(원주율: 3.1)

❶ 쓰레기통의 전개도에서 옆면의 모양은?

❷ 쓰레기통의 높이는?

답 _____

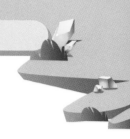

3 오른쪽과 같이 밑면의 반지름이 6 cm, 높이가 35 cm인 원기둥 모양의 롤러의 옆면에 페인트를 묻힌 후 2바퀴 굴렸습니다. 페인트를 칠한 부분의 넓이는 몇 cm²인가요? (원주율: 3)

❶ 롤러의 옆면의 넓이는?

❷ 페인트를 칠한 부분의 넓이는?

답 _____

4 오른쪽과 같이 밑면의 지름이 10 cm, 높이가 22 cm인 원기둥 모양 롤러의 옆면에 페인트를 묻힌 후 6바퀴 굴렸습니다. 페인트를 칠한 부분의 넓이는 몇 cm²인가요? (원주율: 3.1)

❶ 롤러의 옆면의 넓이는?

❷ 페인트를 칠한 부분의 넓이는?

답 _____

124쪽 위나 앞에서 본 모양의 넓이 구하기

1 오른쪽 원기둥을 앞에서 본 모양의 넓이는 몇 cm²인가요?

풀이

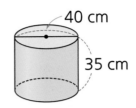

40 cm

35 cm

답 _____

130쪽 원기둥의 옆면의 넓이의 활용

2 밑면의 반지름이 4 cm이고 높이가 11 cm인 원기둥의 옆면의 넓이는
몇 cm²인가요? (원주율: 3)

풀이

답 _____

130쪽 원기둥의 옆면의 넓이의 활용

3 오른쪽과 같이 밑면의 반지름이 3 cm, 옆면의 넓이가 188.4 cm²인
원기둥 모양의 음료수 캔이 있습니다. 이 음료수 캔의 높이는
몇 cm인가요? (원주율: 3.14)

풀이

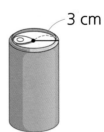

3 cm

답 _____

132쪽 페인트를 칠한 부분의 넓이 구하기

4 오른쪽과 같이 밑면의 지름이 5 cm, 높이가 14 cm인 원기둥 모양 롤러의 옆면에 페인트를 묻힌 후 3바퀴 굴렸습니다. 페인트를 칠한 부분의 넓이는 몇 cm²인가요? (원주율: 3.1)

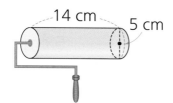

풀이

답 _____

126쪽 앞에서 본 모양의 둘레를 이용하여 길이 구하기

5 오른쪽 구와 원뿔을 앞에서 본 모양의 둘레는 서로 같습니다. 원뿔의 밑면의 반지름은 몇 cm인가요? (원주율: 3.1)

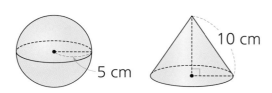

풀이

답 _____

126쪽 앞에서 본 모양의 둘레를 이용하여 길이 구하기

6 오른쪽 원기둥과 구를 앞에서 본 모양의 둘레는 서로 같습니다. 구의 반지름은 몇 cm인가요?

(원주율: 3)

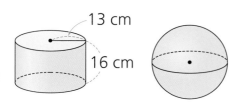

풀이

답 _____

132쪽 페인트를 칠한 부분의 넓이 구하기

7 오른쪽과 같이 밑면의 반지름이 5 cm, 높이가
15 cm인 원기둥 모양의 롤러의 옆면에 페인트를 묻힌
후 수영이는 3바퀴, 예설이는 5바퀴 굴렸습니다.
두 사람이 페인트를 칠한 부분의 넓이의 합은
몇 cm²인가요? (원주율: 3.14)

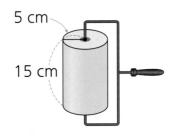

(풀이)

답 _____

124쪽 위나 앞에서 본 모양의 넓이 구하기

8 오른쪽 원뿔을 앞에서 본 모양과 위에서 본 모양의 넓이를
각각 구해 보세요. (원주율: 3)

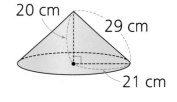

(풀이)

답 앞에서 본 모양 _____

위에서 본 모양 _____

130쪽 원기둥의 옆면의 넓이의 활용

9 오른쪽과 같이 한 직선을 중심으로 직사각형 모양의 종이를 한 바퀴 돌렸습니다. 만들어지는 입체도형의 옆면의 넓이는 몇 cm²인가요?

(원주율: 3.1)

6 cm

4 cm

(풀이)

탑 _____

124쪽 위나 앞에서 본 모양의 넓이 구하기

126쪽 앞에서 본 모양의 둘레를 이용하여 길이 구하기

10

도전 문제

오른쪽 구와 원뿔을 앞에서 본 모양의 둘레는 서로 같습니다. 원뿔을 앞에서 본 모양의 넓이는 몇 cm²인가요? (원주율: 3)

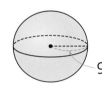

9 cm

9 cm

15 cm

❶ 구를 앞에서 본 모양의 둘레는?

❷ 원뿔의 밑면의 반지름은?

❸ 원뿔을 앞에서 본 모양의 넓이는?

탑 _____

1 윤지는 사탕 $\frac{6}{7}$ kg을 한 통에 $\frac{2}{7}$ kg씩 나누어 담았고, 성하는 사탕 $\frac{9}{10}$ kg을 한 통에 $\frac{3}{10}$ kg씩 나누어 담았습니다. 두 사람이 나누어 담은 사탕은 모두 몇 통인가요?

(풀이)

답 _____

2 한 병에 1.2 L씩 담겨 있는 우유가 4병 있습니다. 이 우유를 한 사람에게 0.8 L씩 나누어 준다면 모두 몇 사람에게 나누어 줄 수 있나요?

(풀이)

답 _____

3 윤아는 쌓기나무 15개로 오른쪽과 같은 모양을 만들었습니다. 모양을 만들고 남은 쌓기나무는 몇 개인가요?

(풀이)

위에서 본 모양

답 _____

4 지름이 25 cm인 원반을 몇 바퀴 굴렸더니 471 cm 굴러갔습니다. 원반을 몇 바퀴 굴린 것인가요? (원주율: 3.14)

풀이

답 _____

5 선혜는 드론 만들기 재료 가격 12000원을 동생과 나누어 내려고 합니다. 재료값을 선혜와 동생이 5 : 3으로 나누어 낸다면 선혜는 동생보다 얼마를 더 내야 하나요?

풀이

답 _____

6 은수는 가지고 있던 색종이 전체의 $\frac{2}{5}$로 종이비행기를 접었고, 남은 색종이의 $\frac{5}{9}$로 종이배를 접었습니다. 접은 종이배가 15개일 때, 은수가 처음에 가지고 있던 색종이는 몇 장인가요?

풀이

답 _____

7 밑면의 반지름이 3 cm인 원 모양의 음료수 캔 3개를 리본으로 겹치지 않게 한 바퀴 둘렀습니다. 사용한 리본의 길이는 몇 cm인가요? (원주율: 3.1)

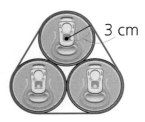

3 cm

풀이

답 _____

8 일정한 빠르기로 1시간 24분 동안 119 km를 갈 수 있는 화물차가 있습니다. 이 화물차로 2시간 36분 동안 갈 수 있는 거리는 몇 km인가요?

풀이

답 _____

9 오른쪽 원뿔의 밑면의 둘레는 113.04 cm입니다. 이 원뿔을
앞에서 본 모양의 넓이는 몇 cm²인가요? (원주율: 3.14)

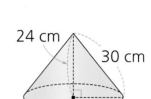

풀이

답 _____

10 쌓기나무로 만든 모양을 위, 앞, 옆에서 본 모양입니다. 쌓기나무가 가장 많을 때
사용한 쌓기나무는 몇 개인가요?

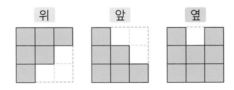

풀이

답 _____

1 연후는 미술 시간에 길이가 6 m인 리본 중 5$\frac{1}{4}$ m를 사용하였습니다. 사용한 리본은 남은 리본의 몇 배인가요?

풀이

답 _____

2 마트에서는 망고 2.5 kg을 18000원에 팔고 있고, 시장에서는 망고 1.8 kg을 12600원에 팔고 있습니다. 마트와 시장 중 망고를 더 싸게 파는 곳은 어디인가요?

풀이

답 _____

3 밥을 짓는 데 사용한 쌀과 보리의 무게의 비는 5 : 2입니다. 쌀이 120 g이라면 쌀과 보리는 모두 몇 g인가요?

풀이

답 _____

4 은우네 교실에는 넓이가 446.4 cm²인 원 모양의 창문이 있습니다. 이 창문의 둘레는 몇 cm인가요? (원주율: 3.1)

(풀이)

답

5 어떤 수를 $1\frac{1}{2}$로 나누어야 하는데 잘못하여 곱했더니 $1\frac{4}{5}$가 되었습니다.
바르게 계산한 값은 얼마인가요?

(풀이)

답

6 오른쪽과 같이 밑면의 반지름이 5 cm, 높이가 18 cm인 원기둥 모양의 롤러의 옆면에 페인트를 묻힌 후 4바퀴 굴렸습니다. 페인트를 칠한 부분의 넓이는 몇 cm²인가요?

(원주율: 3)

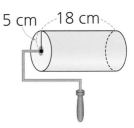

(풀이)

답

7 맞물려 돌아가는 두 톱니바퀴 ㉮와 ㉯가 있습니다. ㉮의 톱니는 12개이고, ㉯의 톱니는 16개입니다. ㉮가 32바퀴 돌 때 ㉯는 몇 바퀴 도는지 구해 보세요.

풀이

답 _____

8 어머니께서 매실청을 한 통에 3.8 L씩 3통 만들어서 한 병에 0.9 L씩 나누어 담으려고 합니다. 매실청을 남김없이 모두 나누어 담으려면 매실청은 적어도 몇 L 더 필요한가요?

풀이

답 _____

9 왼쪽 정육면체 모양에서 쌓기나무를 몇 개 빼내어 오른쪽 모양을 만들었습니다. 빼낸 쌓기나무는 몇 개인가요?

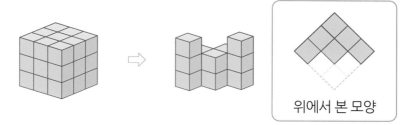

위에서 본 모양

풀이

답 _____

10 구와 원기둥을 앞에서 본 모양의 둘레는 서로 같습니다. 원기둥을 앞에서 본 모양의 넓이는 몇 cm²인가요? (원주율: 3)

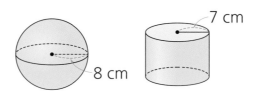

7 cm

8 cm

풀이

답 _____

1 모자를 한 개 만드는 데 $1\dfrac{1}{5}$ 시간이 걸리는 기계가 있습니다. 이 기계로 하루 동안 쉬지 않고 모자를 만든다면 모자를 모두 몇 개 만들 수 있나요?

(풀이)

답 _____

2 밑면의 지름이 7 cm, 높이가 20 cm인 원기둥 모양의 통이 있습니다. 이 통의 옆면의 넓이는 몇 cm²인가요? (원주율: 3.1)

(풀이)

답 _____

3 굵기가 일정한 쇠막대 12 m의 무게가 74.4 kg입니다. 같은 굵기의 쇠막대의 무게가 21.08 kg일 때, 이 쇠막대의 길이는 몇 m인가요?

(풀이)

답 _____

4 도하와 재영이가 설명하는 자연수의 비를 구해 보세요.

이 비는 3 : 13과 비율이 같은 비야.

그리고 전항과 후항의 차가 30이야.

(풀이)

답 _____

5 오른쪽은 쌓기나무 11개로 만든 모양입니다. 초록색 쌓기나무 3개를 빼낸 후 앞과 옆에서 본 모양을 각각 그려 보세요.

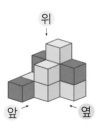

(풀이)

답

앞   옆

6 길이가 $4\frac{1}{2}$ km인 도로의 한쪽에 $\frac{3}{20}$ km 간격으로 쓰레기통을 설치하려고
합니다. 도로의 시작과 끝 지점에도 쓰레기통을 설치하려면 쓰레기통은 모두 몇 개
필요한가요? (단, 쓰레기통의 두께는 생각하지 않습니다.)

⟮풀이⟯

답 _____

7 윤호의 방 벽지는 오른쪽과 같은 무늬가 반복됩니다.
색칠한 부분의 넓이는 몇 cm²인가요? (원주율: 3.1)

⟮풀이⟯

답 _____

8 영채는 길이가 264 cm인 철사를 겹치는 부분 없이 모두 사용하여 크기가 같은 원을
2개 만들었습니다. 만든 원 1개의 넓이는 몇 cm²인가요? (원주율: 3)

⟮풀이⟯

답 _____

9 수 카드 5 , 2 , 9 , 8 , 4 를 한 번씩 모두 사용하여
(소수 두 자리 수)÷(소수 한 자리 수)를 만들려고 합니다. 몫이 가장 클 때의 값은
얼마인지 반올림하여 소수 첫째 자리까지 나타내어 보세요.

풀이

답

10 다경이는 소금과 물을 2 : 9로 섞어 소금물을 44 g 만들었고, 재준이는 소금과 물을
3 : 7로 섞어 소금물을 40 g 만들었습니다. 두 사람 중 누가 소금을 몇 g 더 많이
사용했나요?

풀이

답

memo

공부로 이끄는 힘

완자 공부력

6B
6학년

발전

정답과 해설

교과서 문해력
수학 문장제

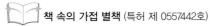 **책 속의 가접 별책** (특허 제 0557442호)

 visang

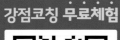

완자 공부력

교과서 문해력 | 수학 문장제 발전 6B

정답과 해설

1. 분수의 나눗셈

❶ 계산 결과를 기약분수나 대분수로 나타내지 않아도 정답으로 인정합니다.

10쪽~11쪽

문장제 준비하기

함께 풀어 보요!
보석을 찾으며 빈칸에 알맞은 수나 기호를 써 보세요.

우유 $\frac{8}{15}$ L를 한 컵에 $\frac{2}{15}$ L씩 나누어 담으면 $\frac{8}{15} \div \frac{2}{15} = \boxed{4}$ (컵)까지 담을 수 있어.

버스의 길이는 12 m이고, 승용차의 길이는 $4\frac{1}{5}$ m라면 버스의 길이는 승용차의 길이의 $12 \div 4\frac{1}{5} = \boxed{2\frac{6}{7}}$ (배)야.

승민이의 방은 넓이가 $10\frac{1}{2}$ m²이고, 가로가 $2\frac{1}{3}$ m인 직사각형 모양이야. 승민이의 방의 세로는 $10\frac{1}{2} \div 2\frac{1}{3} = \boxed{4\frac{1}{2}}$ (m)야.

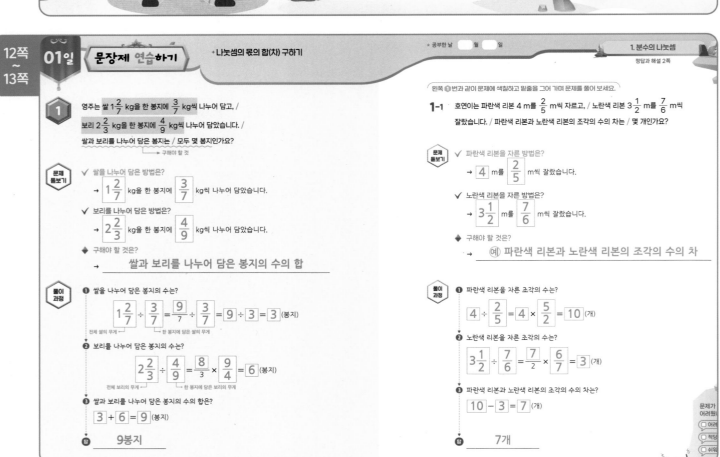

12쪽~13쪽

01일 문장제 연습하기 +나눗셈의 몫의 합(차) 구하기

* 공부한 날 ☐월 ☐일
1. 분수의 나눗셈
정답과 해설 2쪽

1 영주는 쌀 $1\frac{2}{7}$ kg을 한 봉지에 $\frac{3}{7}$ kg씩 나누어 담고, / 보리 $2\frac{2}{3}$ kg을 한 봉지에 $\frac{4}{9}$ kg씩 나누어 담았습니다. / 쌀과 보리를 나누어 담은 봉지는 / 모두 몇 봉지인가요?
→ 구해야 할 것

문제 돌보기
✓ 쌀을 나누어 담은 방법은?
→ $1\frac{2}{7}$ kg을 한 봉지에 $\frac{3}{7}$ kg씩 나누어 담았습니다.

✓ 보리를 나누어 담은 방법은?
→ $2\frac{2}{3}$ kg을 한 봉지에 $\frac{4}{9}$ kg씩 나누어 담았습니다.

◆ 구해야 할 것은?
→ 쌀과 보리를 나누어 담은 봉지의 수의 합

풀이 과정
❶ 쌀을 나누어 담은 봉지의 수는?
$$1\frac{2}{7} \div \frac{3}{7} = \frac{9}{7} \div \frac{3}{7} = 9 \div 3 = 3 \text{ (봉지)}$$
전체 쌀의 무게   한 봉지에 담은 쌀의 무게

❷ 보리를 나누어 담은 봉지의 수는?
$$2\frac{2}{3} \div \frac{4}{9} = \frac{8}{3} \times \frac{9}{4} = 6 \text{ (봉지)}$$
전체 보리의 무게   한 봉지에 담은 보리의 무게

❸ 쌀과 보리를 나누어 담은 봉지의 수의 합은?
$$3 + 6 = 9 \text{ (봉지)}$$

답 ___9봉지___

왼쪽 ❶번과 같이 문제에 색칠하고 밑줄을 그어 가며 문제를 풀어 보세요.

1-1 호연이는 파란색 리본 4 m를 $\frac{2}{5}$ m씩 자르고, / 노란색 리본 $3\frac{1}{2}$ m를 $\frac{7}{6}$ m씩 잘랐습니다. / 파란색 리본과 노란색 리본의 조각의 수의 차는 / 몇 개인가요?

문제 돌보기
✓ 파란색 리본을 자른 방법은?
→ 4 m를 $\frac{2}{5}$ m씩 잘랐습니다.

✓ 노란색 리본을 자른 방법은?
→ $3\frac{1}{2}$ m를 $\frac{7}{6}$ m씩 잘랐습니다.

◆ 구해야 할 것은?
→ 예 파란색 리본과 노란색 리본의 조각의 수의 차

풀이 과정
❶ 파란색 리본을 자른 조각의 수는?
$$4 \div \frac{2}{5} = 4 \times \frac{5}{2} = 10 \text{ (개)}$$

❷ 노란색 리본을 자른 조각의 수는?
$$3\frac{1}{2} \div \frac{7}{6} = \frac{7}{2} \times \frac{6}{7} = 3 \text{ (개)}$$

❸ 파란색 리본과 노란색 리본의 조각의 수의 차는?
$$10 - 3 = 7 \text{ (개)}$$

답 ___7개___

문제가 어려웠나요?
○ 어려워요
○ 적당해요
○ 쉬워요

2 윤영이네 반은 양떼 목장으로 체험 학습을 갔습니다. /
전체 일정 5시간 중에서 /
$2\frac{2}{3}$ 시간은 목장 견학을 하고, /
1시간은 치즈 만들기를 한 다음, /
남은 시간은 피자를 만들었습니다. /
목장 견학을 한 시간은 피자를 만든 시간의 몇 배인가요?
→ 구해야 할 것

문제 돋보기

✓ 체험 학습을 한 전체 시간은? → $\boxed{5}$ 시간

✓ 각 활동을 한 시간은?
→ 목장 견학: $2\frac{2}{3}$ 시간, 치즈 만들기: $\boxed{1}$ 시간,
피자 만들기: 목장 견학과 치즈 만들기를 하고 남은 시간

◆ 구해야 할 것은?
→ <u>목장 견학을 한 시간은 피자를 만든 시간의 몇 배인지 구하기</u>

풀이 과정

❶ 피자를 만든 시간은?
$$5 - \boxed{2\frac{2}{3}} - \boxed{1} = \boxed{1\frac{1}{3}} \text{(시간)}$$
목장 견학을 한 시간 / 치즈를 만든 시간

❷ 목장 견학을 한 시간은 피자를 만든 시간의 몇 배인지 구하면?
$$2\frac{2}{3} \div 1\frac{1}{3} = \frac{8}{3} \div \frac{4}{3} = \boxed{8} \div \boxed{4} = \boxed{2} \text{(배)}$$
목장 견학을 한 시간 / 피자를 만든 시간

답 <u>2배</u>

왼쪽 ❷번과 같이 문제에 색칠하고 밑줄을 그어 가며 문제를 풀어 보세요.

2-1 아버지께서 약숫물을 4 L 받아 오셨습니다. / 첫째 날 $1\frac{1}{4}$ L를 마시고, / 둘째 날 $2\frac{1}{3}$ L를 마신 다음, / 셋째 날에 남은 양을 모두 마셨습니다. / 첫째 날 마신 약숫물의 양은 셋째 날 마신 약숫물의 양의 몇 배인가요?

문제 돋보기

✓ 전체 약숫물의 양은? → $\boxed{4}$ L

✓ 각 날에 마신 약숫물의 양은?
→ 첫째 날: $1\frac{1}{4}$ L, 둘째 날: $2\frac{1}{3}$ L,
셋째 날: 첫째 날과 둘째 날에 마시고 남은 양

◆ 구해야 할 것은?
→ <u>예 첫째 날 마신 약숫물의 양은 셋째 날 마신 약숫물의 양의 몇 배인지 구하기</u>

풀이 과정

❶ 셋째 날에 마신 약숫물의 양은?
$$4 - \boxed{1\frac{1}{4}} - \boxed{2\frac{1}{3}} = \boxed{\frac{5}{12}} \text{(L)}$$

❷ 첫째 날 마신 약숫물의 양은 셋째 날 마신 약숫물의 양의 몇 배인지 구하면?
$$1\frac{1}{4} \div \frac{5}{12} = \frac{5}{4} \times \frac{12}{5} = \boxed{3} \text{(배)}$$

답 <u>3배</u>

문제가 어려웠니
□ 어려
□ 적당
□ 쉬움

문제를 읽고 '연습하기'에서 했던 것처럼 밑줄을 그어 가며 문제를 풀어 보세요.

1 승아는 물 5 L를 한 사람에게 $\frac{5}{9}$ L씩 나누어 주었고, 진수는 물 $2\frac{8}{11}$ L를 한 사람에게 $\frac{3}{11}$ L씩 나누어 주었습니다. 승아와 진수가 물을 나누어 준 사람은 모두 몇 명인가요?

❶ 승아가 물을 나누어 준 사람의 수는?
예 $5 \div \frac{5}{9} = \overset{1}{\underset{1}{5}} \times \frac{9}{5} = 9$(명)

❷ 진수가 물을 나누어 준 사람의 수는?
예 $2\frac{8}{11} \div \frac{3}{11} = \frac{30}{11} \div \frac{3}{11} = 30 \div 3 = 10$(명)

❸ 승아와 진수가 물을 나누어 준 사람의 수의 합은?
예 $9 + 10 = 19$(명)

답 <u>19명</u>

2 6 m 길이의 철사가 있습니다. 현우는 $2\frac{1}{2}$ m만큼 잘라 사용하고, 민하는 $2\frac{2}{3}$ m만큼 잘라 사용했습니다. 남은 철사는 은주가 모두 사용했다면 현우가 사용한 철사의 길이는 은주가 사용한 철사의 길이의 몇 배인가요?

❶ 은주가 사용한 철사의 길이는?
예 $6 - 2\frac{1}{2} - 2\frac{2}{3} = \frac{5}{6}$(m)

❷ 현우가 사용한 철사의 길이는 은주가 사용한 철사의 길이의 몇 배인지 구하면?
예 $2\frac{1}{2} \div \frac{5}{6} = \frac{\overset{1}{\cancel{5}}}{\cancel{2}} \times \frac{\overset{3}{\cancel{6}}}{\cancel{5}_1} = 3$(배)

답 <u>3배</u>

3 도하는 종이 박물관으로 체험 학습을 갔습니다. 전체 일정 4시간 중에서 $1\frac{1}{6}$ 시간은 박물관 견학을 하고, $1\frac{1}{5}$ 시간은 직접 한지를 만든 다음, 남은 시간은 한지로 작품을 만들었습니다. 한지로 작품을 만든 시간은 박물관을 견학한 시간의 몇 배인가요?

❶ 한지로 작품을 만든 시간은?
예 $4 - 1\frac{1}{6} - 1\frac{1}{5} = 1\frac{19}{30}$(시간)

❷ 한지로 작품을 만든 시간은 박물관을 견학한 시간의 몇 배인지 구하면?
예 $1\frac{19}{30} \div 1\frac{1}{6} = \frac{49}{30} \times \frac{\overset{1}{\cancel{6}}}{\cancel{5}} \times \frac{\overset{7}{\cancel{49}}}{\cancel{30}_5} \times \frac{\cancel{6}}{\cancel{7}_1} = \frac{7}{5} = 1\frac{2}{5}$(배)

답 <u>$1\frac{2}{5}$ 배</u>

4 밀가루 $15\frac{1}{3}$ kg을 한 통에 $3\frac{5}{6}$ kg씩 나누어 담고, 설탕 $14\frac{2}{5}$ kg을 한 통에 $1\frac{4}{5}$ kg씩 나누어 담았습니다. 밀가루와 설탕 중 어느 것이 몇 통 더 많은가요?

❶ 밀가루를 나누어 담은 통의 수는?
예 $15\frac{1}{3} \div 3\frac{5}{6} = \frac{46}{3} \div \frac{23}{6} = \frac{\overset{2}{\cancel{46}}}{\cancel{3}} \times \frac{\overset{2}{\cancel{6}}}{\cancel{23}_1} = 4$(통)

❷ 설탕을 나누어 담은 통의 수는?
예 $14\frac{2}{5} \div 1\frac{4}{5} = \frac{72}{5} \div \frac{9}{5} = 72 \div 9 = 8$(통)

❸ 밀가루와 설탕 중 어느 것이 몇 통 더 많은지 구하면?
예 $4 < 8$이므로 설탕이 $8 - 4 = 4$(통) 더 많습니다.

답 <u>설탕</u> , <u>4통</u>

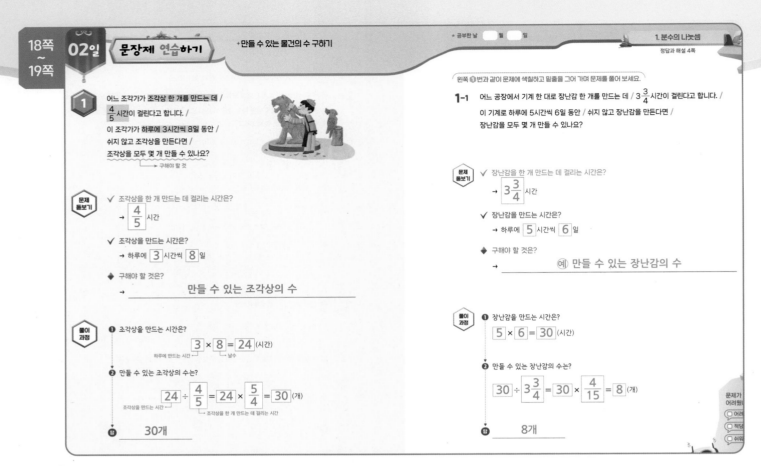

1 어느 조각가가 조각상 한 개를 만드는 데 / $\frac{4}{5}$ 시간이 걸린다고 합니다. / 이 조각가가 하루에 3시간씩 8일 동안 / 쉬지 않고 조각상을 만든다면 / 조각상을 모두 몇 개 만들 수 있나요?
→ 구해야 할 것

문제 돋보기
✔ 조각상을 한 개 만드는 데 걸리는 시간은?
→ $\frac{4}{5}$ 시간
✔ 조각상을 만드는 시간은?
→ 하루에 3 시간씩 8 일
◆ 구해야 할 것은?
→ 만들 수 있는 조각상의 수

풀이 과정
❶ 조각상을 만드는 시간은?
$3 \times 8 = 24$ (시간)
하루에 만드는 시간 / 날수
❷ 만들 수 있는 조각상의 수는?
$24 \div \frac{4}{5} = 24 \times \frac{5}{4} = 30$ (개)
조각상을 만드는 시간 / 조각상을 한 개 만드는 데 걸리는 시간
답 30개

왼쪽 ❶번과 같이 문제에 색칠하고 밑줄을 그어 가며 문제를 풀어 보세요.

1-1 어느 공장에서 기계 한 대로 장난감 한 개를 만드는 데 / $3\frac{3}{4}$ 시간이 걸린다고 합니다. / 이 기계로 하루에 5시간씩 6일 동안 / 쉬지 않고 장난감을 만든다면 / 장난감을 모두 몇 개 만들 수 있나요?

문제 돋보기
✔ 장난감을 한 개 만드는 데 걸리는 시간은?
→ $3\frac{3}{4}$ 시간
✔ 장난감을 만드는 시간은?
→ 하루에 5 시간씩 6 일
◆ 구해야 할 것은?
→ 예 만들 수 있는 장난감의 수

풀이 과정
❶ 장난감을 만드는 시간은?
$5 \times 6 = 30$ (시간)
❷ 만들 수 있는 장난감의 수는?
$30 \div 3\frac{3}{4} = 30 \times \frac{4}{15} = 8$ (개)
답 8개

문제가 어려웠나요?
□ 어려
□ 적당
□ 쉬워

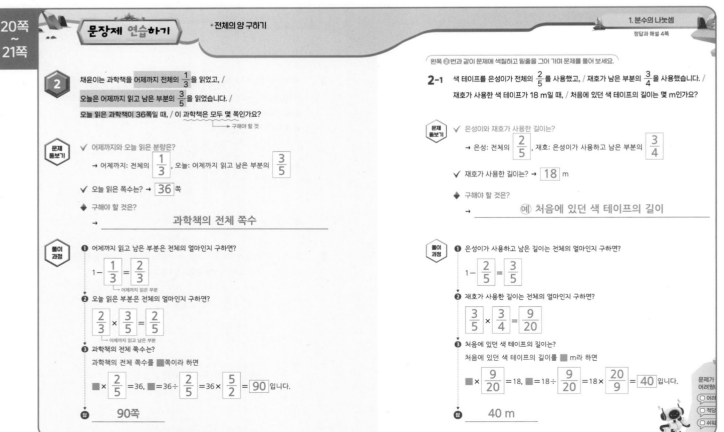

2 채윤이는 과학책을 어제까지 전체의 $\frac{1}{3}$ 을 읽었고, / 오늘은 어제까지 읽고 남은 부분의 $\frac{3}{5}$ 을 읽었습니다. / 오늘 읽은 과학책이 36쪽일 때, / 이 과학책은 모두 몇 쪽인가요?
→ 구해야 할 것

문제 돋보기
✔ 어제까지와 오늘 읽은 분량은?
→ 어제까지: 전체의 $\frac{1}{3}$, 오늘: 어제까지 읽고 남은 부분의 $\frac{3}{5}$
✔ 오늘 읽은 쪽수는? → 36 쪽
◆ 구해야 할 것은?
→ 과학책의 전체 쪽수

풀이 과정
❶ 어제까지 읽고 남은 부분은 전체의 얼마인지 구하면?
$1 - \frac{1}{3} = \frac{2}{3}$
어제까지 읽은 부분
❷ 오늘 읽은 부분은 전체의 얼마인지 구하면?
$\frac{2}{3} \times \frac{3}{5} = \frac{2}{5}$
어제까지 읽고 남은 부분
❸ 과학책의 전체 쪽수는?
과학책의 전체 쪽수를 ■쪽이라 하면
$■ \times \frac{2}{5} = 36$, $■ = 36 \div \frac{2}{5} = 36 \times \frac{5}{2} = 90$ 입니다.
답 90쪽

왼쪽 ❷번과 같이 문제에 색칠하고 밑줄을 그어 가며 문제를 풀어 보세요.

2-1 색 테이프를 은성이가 전체의 $\frac{2}{5}$ 를 사용했고, / 재호가 남은 부분의 $\frac{3}{4}$ 을 사용했습니다. / 재호가 사용한 색 테이프가 18 m일 때, / 처음에 있던 색 테이프의 길이는 몇 m인가요?

문제 돋보기
✔ 은성이와 재호가 사용한 길이는?
→ 은성: 전체의 $\frac{2}{5}$, 재호: 은성이가 사용하고 남은 부분의 $\frac{3}{4}$
✔ 재호가 사용한 길이는? → 18 m
◆ 구해야 할 것은?
→ 예 처음에 있던 색 테이프의 길이

풀이 과정
❶ 은성이가 사용하고 남은 길이는 전체의 얼마인지 구하면?
$1 - \frac{2}{5} = \frac{3}{5}$
❷ 재호가 사용한 길이는 전체의 얼마인지 구하면?
$\frac{3}{5} \times \frac{3}{4} = \frac{9}{20}$
❸ 처음에 있던 색 테이프의 길이는?
처음에 있던 색 테이프의 길이를 ■ m라 하면
$■ \times \frac{9}{20} = 18$, $■ = 18 \div \frac{9}{20} = 18 \times \frac{20}{9} = 40$ 입니다.
답 40 m

문제가 어려웠나요?
□ 어려
□ 적당
□ 쉬워

+ 만들 수 있는 물건의 수 구하기
+ 전체의 양 구하기

1. 분수의 나눗셈
정답과 해설 5쪽

22쪽
~
23쪽

문제를 읽고 '연습하기'에서 했던 것처럼 밑줄을 그어 가며 문제를 풀어 보세요.

1 어느 공장에서 기계 한 대로 인형 한 개를 만드는 데 $\frac{3}{5}$ 시간이 걸린다고 합니다. 이 기계로 하루에 9시간씩 4일 동안 쉬지 않고 인형을 만든다면 인형을 모두 몇 개 만들 수 있나요?

❶ 인형을 만드는 시간은?
예) (하루에 만드는 시간)×(날수)
$= 9 \times 4 = 36$(시간)

❷ 만들 수 있는 인형의 수는?
예) (인형을 만드는 시간)÷(인형을 한 개 만드는 데 걸리는 시간)
$= 36 \div \frac{3}{5} = 36 \times \frac{5}{3} = 60$(개)

답 ___60개___

2 어느 목수가 책꽂이 한 개를 만드는 데 $1\frac{1}{6}$ 시간이 걸린다고 합니다. 이 목수가 하루에 6시간씩 일주일 동안 쉬지 않고 책꽂이를 만든다면 책꽂이를 모두 몇 개 만들 수 있나요?

❶ 책꽂이를 만드는 시간은?
예) (하루에 만드는 시간)×(날수)
$= 6 \times 7 = 42$(시간)

❷ 만들 수 있는 책꽂이의 수는?
예) (책꽂이를 만드는 시간)÷(책꽂이를 한 개 만드는 데 걸리는 시간)
$= 42 \div 1\frac{1}{6} = 42 \times \frac{6}{7} = 36$(개)

답 ___36개___

3 유라는 주스를 오전에는 전체의 $\frac{1}{4}$ 을 마셨고, 오후에는 남은 양의 $\frac{2}{3}$ 를 마셨습니다. 오후에 마신 양이 $\frac{2}{5}$ L일 때, 처음에 있던 주스의 양은 몇 L인가요?

❶ 오전에 마시고 남은 양은 전체의 얼마인지 구하면?
예) $1 - \frac{1}{4} = \frac{3}{4}$

❷ 오후에 마신 양은 전체의 얼마인지 구하면?
예) (오전에 마시고 남은 양)$\times \frac{2}{3} = \frac{3}{4} \times \frac{2}{3} = \frac{1}{2}$

❸ 처음에 있던 주스의 양은?
예) 처음에 있던 주스의 양을 ■ L라 하면
$■ \times \frac{1}{2} = \frac{2}{5}$, $■ = \frac{2}{5} \div \frac{1}{2} = \frac{2}{5} \times 2 = \frac{4}{5}$입니다.

답 ___$\frac{4}{5}$ L___

4 도윤이는 문제집을 어제까지 전체의 $\frac{5}{8}$ 를 풀었고, 오늘은 어제까지 풀고 남은 부분의 $\frac{4}{9}$ 를 풀었습니다. 오늘 푼 문제집이 12쪽일 때, 이 문제집은 모두 몇 쪽인가요?

❶ 어제까지 풀고 남은 부분은 전체의 얼마인지 구하면?
예) $1 - \frac{5}{8} = \frac{3}{8}$

❷ 오늘 푼 부분은 전체의 얼마인지 구하면?
예) (어제까지 풀고 남은 부분)$\times \frac{4}{9} = \frac{3}{8} \times \frac{4}{9} = \frac{1}{6}$

❸ 문제집의 전체 쪽수는?
예) 문제집의 전체 쪽수를 ■쪽이라 하면
$■ \times \frac{1}{6} = 12$, $■ = 12 \div \frac{1}{6} = 12 \times 6 = 72$입니다.

답 ___72쪽___

03일 문장제 연습하기
+ 바르게 계산한 값 구하기

★ 공부한 날 　월　일

1. 분수의 나눗셈
정답과 해설 5쪽

24쪽
~
25쪽

1
어떤 수를 $\frac{3}{4}$ 으로 나누어야 하는데 /
잘못하여 곱했더니 $\frac{5}{16}$ 가 되었습니다. /
바르게 계산한 값은 얼마인가요?
→ 구해야 할 것

문제 돋보기
✓ 잘못 계산한 식은?　알맞은 말에 ○표 하기
→ 곱셈식, (나눗셈식)을 계산해야 하는데 잘못하여
((곱셈식), 나눗셈식)을 계산했습니다.

✓ 바르게 계산하려면? → 어떤 수를 $\frac{3}{4}$ (으)로 나눕니다.

◆ 구해야 할 것은?
→ ___바르게 계산한 값___

풀이 과정
❶ 어떤 수를 ■라 할 때, 잘못 계산한 식은?
$■ \times \boxed{\frac{3}{4}} = \boxed{\frac{5}{16}}$

❷ 어떤 수는?
$■ = \boxed{\frac{5}{16}} \div \boxed{\frac{3}{4}} = \boxed{\frac{5}{16}} \times \boxed{\frac{4}{3}} = \boxed{\frac{5}{12}}$

❸ 바르게 계산한 값은?
$\boxed{\frac{5}{12}} \div \boxed{\frac{3}{4}} = \boxed{\frac{5}{12}} \times \boxed{\frac{4}{3}} = \boxed{\frac{5}{9}}$
→ 어떤 수

답 ___$\frac{5}{9}$___

1-1 어떤 수를 $\frac{4}{7}$ 로 나누어야 하는데 / 잘못하여 $\frac{7}{4}$ 로 나누었더니 $\frac{18}{49}$ 이 되었습니다. /
바르게 계산한 값은 얼마인가요?

문제 돋보기
✓ 잘못 계산한 식은?
→ 어떤 수를 $\boxed{\frac{4}{7}}$ (으)로 나누어야 하는데 잘못하여
$\boxed{\frac{7}{4}}$ (으)로 나누었습니다.

✓ 바르게 계산하려면? → 어떤 수를 $\boxed{\frac{4}{7}}$ (으)로 나눕니다.

◆ 구해야 할 것은?
→ ___예) 바르게 계산한 값___

풀이 과정
❶ 어떤 수를 ■라 할 때, 잘못 계산한 식은?
$■ \div \boxed{\frac{7}{4}} = \boxed{\frac{18}{49}}$

❷ 어떤 수는?
$■ = \boxed{\frac{18}{49}} \times \boxed{\frac{7}{4}} = \boxed{\frac{9}{14}}$

❸ 바르게 계산한 값은?
$\boxed{\frac{9}{14}} \div \boxed{\frac{4}{7}} = \boxed{\frac{9}{14}} \times \boxed{\frac{7}{4}} = \boxed{\frac{9}{8}} = 1\frac{1}{8}$

답 ___$1\frac{1}{8}$___

문제가
어려웠나요?
○ 어려워
○ 적당
○ 쉬워

문장제 연습하기
+ 일정한 간격으로 배열하기

2 길이가 18 km인 도로의 한쪽에 / $\frac{9}{11}$ km 간격으로 가로수를 심으려고 합니다. / 도로의 시작과 끝 지점에도 가로수를 심으려면 / 가로수는 모두 몇 그루 필요한가요? (단, 가로수의 두께는 생각하지 않습니다.)
└→ 구해야 할 것

문제 돋보기

✓ 가로수를 심을 도로의 길이는?
→ $\boxed{18}$ km

✓ 가로수 사이의 간격은?
→ $\boxed{\frac{9}{11}}$ km

◆ 구해야 할 것은?
→ 심어야 할 가로수의 수

풀이 과정

❶ 가로수 사이의 간격의 수는?
$\boxed{18} \div \boxed{\frac{9}{11}} = \boxed{18} \times \boxed{\frac{11}{9}} = \boxed{22}$ (군데)
└도로의 길이   └가로수 사이의 간격

❷ 심어야 할 가로수의 수는?
심어야 할 가로수의 수는 가로수 사이의 간격의 수보다 1만큼 더 크므로
$\boxed{22} + \boxed{1} = \boxed{23}$ (그루)입니다.
└가로수 사이의 간격의 수

답 **23그루**

왼쪽 ❷번과 같이 문제에 색칠하고 밑줄을 그어 가며 문제를 풀어 보세요.

2-1 길이가 $6\frac{1}{4}$ km인 도로의 한쪽에 / $\frac{5}{16}$ km 간격으로 가로등을 설치하려고 합니다. / 도로의 시작과 끝 지점에도 가로등을 설치하려면 / 가로등은 모두 몇 개 필요한가요? (단, 가로등의 두께는 생각하지 않습니다.)

문제 돋보기

✓ 가로등을 설치할 도로의 길이는?
→ $\boxed{6\frac{1}{4}}$ km

✓ 가로등 사이의 간격은?
→ $\boxed{\frac{5}{16}}$ km

◆ 구해야 할 것은?
→ 예) 설치해야 할 가로등의 수

풀이 과정

❶ 가로등 사이의 간격의 수는?
$\boxed{6\frac{1}{4}} \div \boxed{\frac{5}{16}} = \boxed{\frac{25}{4}} \times \boxed{\frac{16}{5}} = \boxed{20}$ (군데)

❷ 설치해야 할 가로등의 수는?
설치해야 할 가로등의 수는 가로등 사이의 간격의 수보다 1만큼 더 크므로
$\boxed{20} + \boxed{1} = \boxed{21}$ (개)입니다.

답 **21개**

문제가 어려웠나요?
○ 어려워요
○ 적당해요
○ 쉬워요

문장제 실력 쌓기
+ 바르게 계산한 값 구하기
+ 일정한 간격으로 배열하기

문제를 읽고 '연습하기'에서 했던 것처럼 밑줄을 그어 가며 문제를 풀어 보세요.

1 어떤 수를 $\frac{6}{7}$ 으로 나누어야 하는데 잘못하여 곱했더니 $\frac{3}{7}$ 이 되었습니다. 바르게 계산한 값은 얼마인가요?

❶ 어떤 수를 ■라 할 때, 잘못 계산한 식은?
예) $■ \times \frac{6}{7} = \frac{3}{7}$

❷ 어떤 수는?
예) $■ = \frac{3}{7} \div \frac{6}{7} = 3 \div 6 = \frac{3}{6} = \frac{1}{2}$

❸ 바르게 계산한 값은?
예) $\frac{1}{2} \div \frac{6}{7} = \frac{1}{2} \times \frac{7}{6} = \frac{7}{12}$

답 $\frac{7}{12}$

2 어떤 수를 $\frac{5}{18}$ 로 나누어야 하는데 잘못하여 $1\frac{5}{8}$ 로 나누었더니 $\frac{4}{5}$ 가 되었습니다. 바르게 계산한 값은 얼마인가요?

❶ 어떤 수를 ■라 할 때, 잘못 계산한 식은?
예) $■ \div 1\frac{5}{8} = \frac{4}{5}$

❷ 어떤 수는?
예) $■ = \frac{4}{5} \times 1\frac{5}{8} = \frac{4}{5} \times \frac{13}{8} = \frac{13}{10} = 1\frac{3}{10}$

❸ 바르게 계산한 값은?
예) $1\frac{3}{10} \div \frac{5}{18} = \frac{13}{10} \times \frac{18}{5} = \frac{117}{25} = 4\frac{17}{25}$

답 $4\frac{17}{25}$

3 길이가 12 km인 도로의 한쪽에 $\frac{4}{7}$ km 간격으로 표지판을 세우려고 합니다. 도로의 시작과 끝 지점에도 표지판을 세우려면 표지판은 모두 몇 개 필요한가요? (단, 표지판의 두께는 생각하지 않습니다.)

❶ 표지판 사이의 간격의 수는?
예) (도로의 길이) ÷ (표지판 사이의 간격)
$= 12 \div \frac{4}{7} = \cancel{12}^{3} \times \frac{7}{\cancel{4}_{1}} = 21$ (군데)

❷ 세워야 할 표지판의 수는?
예) 세워야 할 표지판의 수는 표지판 사이의 간격의 수보다 1만큼 더 큽니다.
⇨ $21 + 1 = 22$ (개)

답 **22개**

4 길이가 $5\frac{5}{8}$ km인 도로의 한쪽에 $\frac{5}{24}$ km 간격으로 전봇대를 설치하려고 합니다. 도로의 시작과 끝 지점에도 전봇대를 설치하려면 전봇대는 모두 몇 개 필요한가요? (단, 전봇대의 두께는 생각하지 않습니다.)

❶ 전봇대 사이의 간격의 수는?
예) (도로의 길이) ÷ (전봇대 사이의 간격) $= 5\frac{5}{8} \div \frac{5}{24} = \frac{\cancel{45}^{9}}{\cancel{8}_{1}} \times \frac{\cancel{24}^{3}}{\cancel{5}_{1}}$
$= 27$ (군데)

❷ 설치해야 할 전봇대의 수는?
예) 설치해야 할 전봇대의 수는 전봇대 사이의 간격의 수보다 1만큼 더 큽니다.
⇨ $27 + 1 = 28$ (개)

답 **28개**

04일 단원 마무리 　★ 공부한 날 　월 　일

14쪽 몇 배인지 구하기

1 은진이는 방과 후 5시간 중에서 $3\frac{1}{3}$ 시간은 발레를 하고, 남은 시간은 독서를 했습니다. 발레를 한 시간은 독서를 한 시간의 몇 배인가요?

풀이 예 (독서를 한 시간)=$5-3\frac{1}{3}=1\frac{2}{3}$(시간)

⇨ (발레를 한 시간)÷(독서를 한 시간)

$=3\frac{1}{3}÷1\frac{2}{3}=\frac{10}{3}÷\frac{5}{3}=10÷5=2$(배)

답　2배

12쪽 나눗셈의 몫의 합(차) 구하기

2 모래주머니를 만드는 데 상우는 모래 $3\frac{3}{4}$ kg을 한 주머니에 $\frac{3}{4}$ kg씩 나누어 담고, 혜지는 모래 $4\frac{4}{5}$ kg을 한 주머니에 $\frac{4}{5}$ kg씩 나누어 담았습니다. 상우와 혜지가 만든 모래주머니는 모두 몇 개인가요?

풀이 예 (상우가 만든 모래주머니의 수)=$3\frac{3}{4}÷\frac{3}{4}=\frac{15}{4}÷\frac{3}{4}=15÷3=5$(개)

(혜지가 만든 모래주머니의 수)=$4\frac{4}{5}÷\frac{4}{5}=\frac{24}{5}÷\frac{4}{5}=24÷4=6$(개)

따라서 상우와 혜지가 만든 모래주머니는 모두 $5+6=11$(개)입니다.

답　11개

18쪽 만들 수 있는 물건의 수 구하기

3 어느 대장장이가 칼 한 자루를 만드는 데 $1\frac{1}{4}$ 시간이 걸립니다. 이 대장장이가 하루에 5시간씩 3일 동안 쉬지 않고 칼을 만든다면 칼을 모두 몇 자루 만들 수 있나요?

풀이 예 (칼을 만드는 시간)=$5×3=15$(시간)

(만들 수 있는 칼의 수)=$15÷1\frac{1}{4}=\overset{3}{\cancel{15}}×\frac{4}{\cancel{5}_1}=12$(자루)

답　12자루

24쪽 바르게 계산한 값 구하기

4 어떤 수를 $\frac{3}{14}$ 으로 나누어야 하는데 잘못하여 곱했더니 $\frac{9}{49}$ 가 되었습니다. 바르게 계산한 값은 얼마인가요?

풀이 예 어떤 수를 ■라 하면 잘못 계산한 식에서

$■×\frac{3}{14}=\frac{9}{49}$, $■=\frac{9}{49}÷\frac{3}{14}=\frac{\overset{}{\cancel{9}}}{\cancel{49}_7}×\frac{\overset{2}{\cancel{14}}}{\cancel{3}_1}=\frac{6}{7}$입니다.

따라서 바르게 계산한 값은 $\frac{6}{7}÷\frac{3}{14}=\frac{\overset{2}{\cancel{6}}}{\cancel{7}_1}×\frac{\overset{2}{\cancel{14}}}{\cancel{3}_1}=4$입니다.

답　4

26쪽 일정한 간격으로 배열하기

5 길이가 6 km인 도로의 한쪽에 $\frac{2}{9}$ km 간격으로 CCTV를 설치하려고 합니다. 도로의 시작과 끝 지점에도 CCTV를 설치하려면 CCTV는 모두 몇 대 필요한가요? (단, CCTV의 두께는 생각하지 않습니다.)

풀이 예 (CCTV 사이의 간격의 수)=$6÷\frac{2}{9}=\overset{3}{\cancel{6}}×\frac{9}{\cancel{2}_1}=27$(군데)

설치해야 할 CCTV의 수는 CCTV 사이의 간격의 수보다 1만큼 더 큽니다.

⇨ $27+1=28$(대)

답　28대

12쪽 나눗셈의 몫의 합(차) 구하기

6 윤서는 물 36 L를 한 통에 $\frac{9}{10}$ L씩 나누어 담았고, 재민이는 물 30 L를 한 통에 $\frac{10}{11}$ L씩 나누어 담았습니다. 윤서와 재민이 중 누가 물을 몇 통 더 많이 담았나요?

풀이 예 윤서: $36÷\frac{9}{10}=\overset{4}{\cancel{36}}×\frac{10}{\cancel{9}_1}=40$(통)

재민: $30÷\frac{10}{11}=\overset{3}{\cancel{30}}×\frac{11}{\cancel{10}_1}=33$(통)

따라서 40 > 33이므로 윤서가 물을 $40-33=7$(통) 더 많이 담았습니다.

답　윤서 ,　7통

단원 마무리 　★ 맞은 개수 　/10개 　★ 걸린 시간 　/40분

20쪽 전체의 양 구하기

7 세희는 텃밭 전체의 $\frac{7}{10}$ 에는 토마토를 심고, 남은 부분의 $\frac{5}{6}$ 에는 상추를 심었습니다. 상추를 심은 텃밭의 넓이가 10 m²일 때, 텃밭의 전체 넓이는 몇 m²인가요?

풀이 예 토마토를 심고 남은 부분은 전체의 $1-\frac{7}{10}=\frac{3}{10}$이고,

상추를 심은 부분은 전체의 $\frac{3}{10}×\frac{\overset{}{\cancel{5}}}{6}=\frac{1}{4}$입니다.

전체 텃밭의 넓이를 ■ m²라 하면 $■×\frac{1}{4}=10$,

$■=10÷\frac{1}{4}=10×4=40$입니다.

따라서 텃밭의 넓이는 40 m²입니다.

답　40 m²

20쪽 전체의 양 구하기

8 어느 문구점에서 어제는 전체 지우개의 $\frac{5}{12}$ 를 팔았고, 오늘은 남은 지우개의 $\frac{9}{14}$ 를 팔았습니다. 오늘 판 지우개가 18개일 때, 어제 처음에 있던 지우개는 몇 개인가요?

풀이 예 어제 팔고 남은 지우개는 처음에 있던 지우개 전체의 $1-\frac{5}{12}=\frac{7}{12}$이고,

오늘 판 지우개는 처음에 있던 지우개 전체의 $\frac{\overset{}{\cancel{7}}}{12}×\frac{9}{\cancel{14}_2}=\frac{3}{8}$입니다.

어제 처음에 있던 지우개의 수를 ■라 하면 $■×\frac{3}{8}=18$,

$■=18÷\frac{3}{8}=\overset{6}{\cancel{18}}×\frac{8}{\cancel{3}_1}=48$입니다.

따라서 어제 처음에 있던 지우개는 48개입니다.

답　48개

18쪽 만들 수 있는 물건의 수 구하기

9 어느 공장에서 기계 한 대로 목도리 한 개를 만드는 데 $\frac{3}{8}$ 시간이 걸립니다. 이 기계 3대로 하루에 4시간씩 6일 동안 쉬지 않고 목도리를 만든다면 목도리를 모두 몇 개 만들 수 있나요?

풀이 예 (목도리를 만드는 시간)=$4×6=24$(시간)

(기계 한 대로 만들 수 있는 목도리의 수)

$=24÷\frac{3}{8}=\overset{8}{\cancel{24}}×\frac{8}{\cancel{3}_1}=64$(개)

(기계 3대로 만들 수 있는 목도리의 수)=$64×3=192$(개)

답　192개

26쪽 일정한 간격으로 배열하기

10 도전 문제 길이가 $1\frac{4}{5}$ km인 터널의 양쪽에 $\frac{1}{10}$ km 간격으로 소화기를 설치하려고 합니다. 터널의 시작과 끝 지점에도 소화기를 설치하려면 소화기는 모두 몇 개 필요한가요? (단, 소화기의 두께는 생각하지 않습니다.)

❶ 소화기 사이의 간격의 수는?

예 (터널의 길이)÷(소화기 사이의 간격)=$1\frac{4}{5}÷\frac{1}{10}=\frac{9}{\cancel{5}_1}×\overset{2}{\cancel{10}}=18$(군데)

❷ 터널 한쪽에 설치해야 할 소화기의 수는?

예 터널 한쪽에 설치해야 할 소화기의 수는 소화기 사이의 간격의 수보다 1만큼 더 큽니다. ⇨ $18+1=19$(개)

❸ 터널 양쪽에 설치해야 할 소화기의 수는?

예 터널 양쪽에 설치해야 할 소화기의 수는 한쪽에 설치해야 할 소화기의 수의 2배이므로 $19×2=38$(개)입니다.

답　38개

2. 공간과 입체

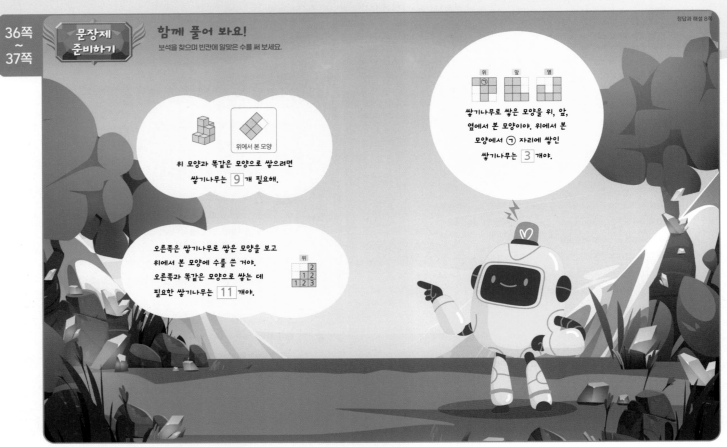

36쪽~37쪽

문장제 준비하기

함께 풀어 보요!
보석을 찾으며 빈칸에 알맞은 수를 써 보세요.

위 모양과 똑같은 모양으로 쌓으려면 쌓기나무는 **9** 개 필요해.

위에서 본 모양

쌓기나무로 쌓은 모양을 위, 앞, 옆에서 본 모양이야. 위에서 본 모양에서 ㉠ 자리에 쌓인 쌓기나무는 **3** 개야.

위   앞   옆

오른쪽은 쌓기나무로 쌓은 모양을 보고 위에서 본 모양에 수를 쓴 거야. 오른쪽과 똑같은 모양으로 쌓는 데 필요한 쌓기나무는 **11** 개야.

위

		2
	1	2
1	2	3

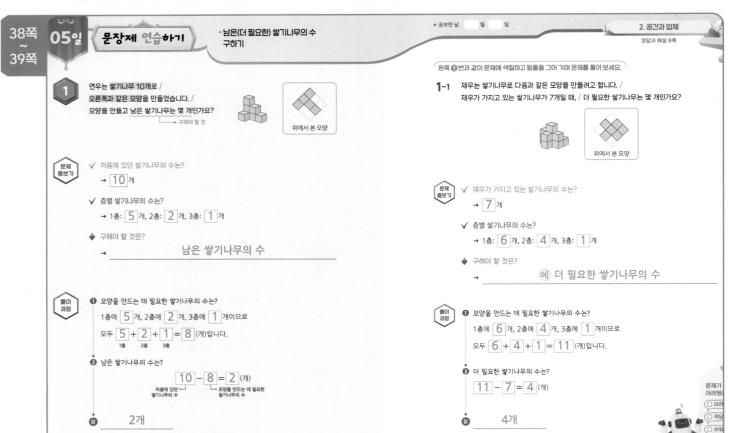

38쪽~39쪽

05일 **문장제 연습하기** ＋남은(더 필요한) 쌓기나무의 수 구하기

★ 공부한 날 ·　월　일

2. 공간과 입체
정답과 해설 8쪽

1 연우는 쌓기나무 10개로 / 오른쪽과 같은 모양을 만들었습니다. / 모양을 만들고 남은 쌓기나무는 몇 개인가요?
└─ 구해야 할 것

위에서 본 모양

문제 돋보기
✓ 처음에 있던 쌓기나무의 수는?
→ **10** 개

✓ 층별 쌓기나무의 수는?
→ 1층: **5** 개, 2층: **2** 개, 3층: **1** 개

◆ 구해야 할 것은?
→ 　남은 쌓기나무의 수

풀이 과정
❶ 모양을 만드는 데 필요한 쌓기나무의 수는?
1층에 **5** 개, 2층에 **2** 개, 3층에 **1** 개이므로
모두 **5** ＋ **2** ＋ **1** ＝ **8** (개)입니다.
　1층　2층　3층

❷ 남은 쌓기나무의 수는?
10 － **8** ＝ **2** (개)
처음에 있던　모양을 만드는 데 필요한
쌓기나무의 수　쌓기나무의 수

답　　2개

왼쪽 ❶번과 같이 문제에 색칠하고 밑줄을 그어 가며 문제를 풀어 보세요.

1-1 재우는 쌓기나무로 다음과 같은 모양을 만들려고 합니다. / 재우가 가지고 있는 쌓기나무가 7개일 때, / 더 필요한 쌓기나무는 몇 개인가요?

위에서 본 모양

문제 돋보기
✓ 재우가 가지고 있는 쌓기나무의 수는?
→ **7** 개

✓ 층별 쌓기나무의 수는?
→ 1층: **6** 개, 2층: **4** 개, 3층: **1** 개

◆ 구해야 할 것은?
→ 　⑩ 더 필요한 쌓기나무의 수

풀이 과정
❶ 모양을 만드는 데 필요한 쌓기나무의 수는?
1층에 **6** 개, 2층에 **4** 개, 3층에 **1** 개이므로
모두 **6** ＋ **4** ＋ **1** ＝ **11** (개)입니다.

❷ 더 필요한 쌓기나무의 수는?
11 － **7** ＝ **4** (개)

답　　4개

문제가 어려웠다면?
○ 어려
○ 적당
○ 쉬워

문장제 연습하기
+ 빼낸 쌓기나무의 수 구하기

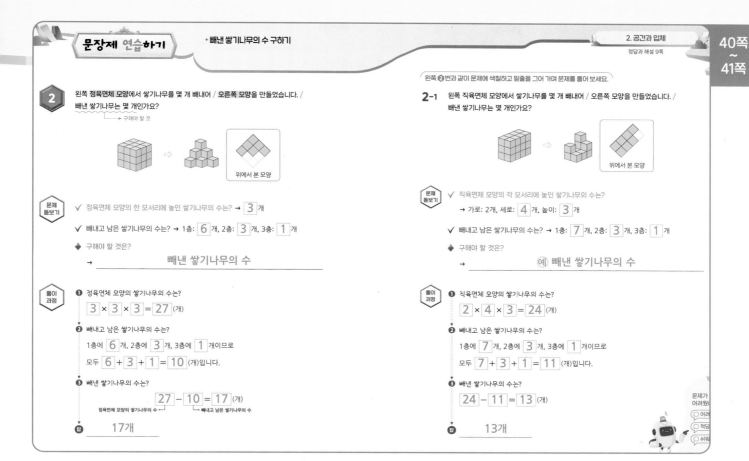

2 왼쪽 정육면체 모양에서 쌓기나무를 몇 개 빼내어 / 오른쪽 모양을 만들었습니다. / 빼낸 쌓기나무는 몇 개인가요?
↳ 구해야 할 것

위에서 본 모양

문제 돋보기

✓ 정육면체 모양의 한 모서리에 놓인 쌓기나무의 수는? → 3 개

✓ 빼내고 남은 쌓기나무의 수는? → 1층: 6 개, 2층: 3 개, 3층: 1 개

◆ 구해야 할 것은?
→ 빼낸 쌓기나무의 수

풀이 과정

❶ 정육면체 모양의 쌓기나무의 수는?
3 × 3 × 3 = 27 (개)

❷ 빼내고 남은 쌓기나무의 수는?
1층에 6 개, 2층에 3 개, 3층에 1 개이므로
모두 6 + 3 + 1 = 10 (개)입니다.

❸ 빼낸 쌓기나무의 수는?
27 − 10 = 17 (개)
정육면체 모양의 쌓기나무의 수 ↗ ↖ 빼내고 남은 쌓기나무의 수

답 17개

왼쪽 ❷번과 같이 문제에 색칠하고 밑줄을 그어 가며 문제를 풀어 보세요.

2-1 왼쪽 직육면체 모양에서 쌓기나무를 몇 개 빼내어 / 오른쪽 모양을 만들었습니다. / 빼낸 쌓기나무는 몇 개인가요?

위에서 본 모양

문제 돋보기

✓ 직육면체 모양의 각 모서리에 놓인 쌓기나무의 수는?
→ 가로: 2개, 세로: 4 개, 높이: 3 개

✓ 빼내고 남은 쌓기나무의 수는? → 1층: 7 개, 2층: 3 개, 3층: 1 개

◆ 구해야 할 것은?
→ 예 빼낸 쌓기나무의 수

풀이 과정

❶ 직육면체 모양의 쌓기나무의 수는?
2 × 4 × 3 = 24 (개)

❷ 빼내고 남은 쌓기나무의 수는?
1층에 7 개, 2층에 3 개, 3층에 1 개이므로
모두 7 + 3 + 1 = 11 (개)입니다.

❸ 빼낸 쌓기나무의 수는?
24 − 11 = 13 (개)

답 13개

문제가 어려웠나
☐ 어려
☐ 적당
☐ 쉬웠

문장제 실력 쌓기
+ 남은(더 필요한) 쌓기나무의 수 구하기
+ 빼낸 쌓기나무의 수 구하기

문제를 읽고 '연습하기'에서 했던 것처럼 밑줄을 그어 가며 문제를 풀어 보세요.

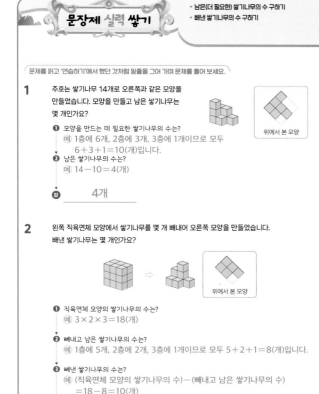

1 주호는 쌓기나무 14개로 오른쪽과 같은 모양을 만들었습니다. 모양을 만들고 남은 쌓기나무는 몇 개인가요?

위에서 본 모양

❶ 모양을 만드는 데 필요한 쌓기나무의 수는?
예 1층에 6개, 2층에 3개, 3층에 1개이므로 모두
6+3+1=10(개)입니다.

❷ 남은 쌓기나무의 수는?
예 14−10=4(개)

답 4개

2 왼쪽 직육면체 모양에서 쌓기나무를 몇 개 빼내어 오른쪽 모양을 만들었습니다. 빼낸 쌓기나무는 몇 개인가요?

위에서 본 모양

❶ 직육면체 모양의 쌓기나무의 수는?
예 3×2×3=18(개)

❷ 빼내고 남은 쌓기나무의 수는?
예 1층에 5개, 2층에 2개, 3층에 1개이므로 모두 5+2+1=8(개)입니다.

❸ 빼낸 쌓기나무의 수는?
예 (직육면체 모양의 쌓기나무의 수)−(빼내고 남은 쌓기나무의 수)
=18−8=10(개)

답 10개

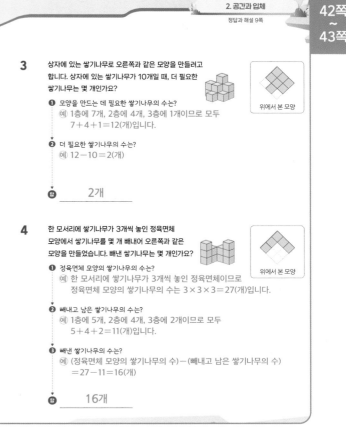

3 상자에 있는 쌓기나무로 오른쪽과 같은 모양을 만들려고 합니다. 상자에 있는 쌓기나무가 10개일 때, 더 필요한 쌓기나무는 몇 개인가요?

위에서 본 모양

❶ 모양을 만드는 데 필요한 쌓기나무의 수는?
예 1층에 7개, 2층에 4개, 3층에 1개이므로 모두
7+4+1=12(개)입니다.

❷ 더 필요한 쌓기나무의 수는?
예 12−10=2(개)

답 2개

4 한 모서리에 쌓기나무가 3개씩 놓인 정육면체 모양에서 쌓기나무를 몇 개 빼내어 오른쪽과 같은 모양을 만들었습니다. 빼낸 쌓기나무는 몇 개인가요?

위에서 본 모양

❶ 정육면체 모양의 쌓기나무의 수는?
예 한 모서리에 쌓기나무가 3개씩 놓인 정육면체이므로
정육면체 모양의 쌓기나무의 수는 3×3×3=27(개)입니다.

❷ 빼내고 남은 쌓기나무의 수는?
예 1층에 5개, 2층에 4개, 3층에 2개이므로 모두
5+4+2=11(개)입니다.

❸ 빼낸 쌓기나무의 수는?
예 (정육면체 모양의 쌓기나무의 수)−(빼내고 남은 쌓기나무의 수)
=27−11=16(개)

답 16개

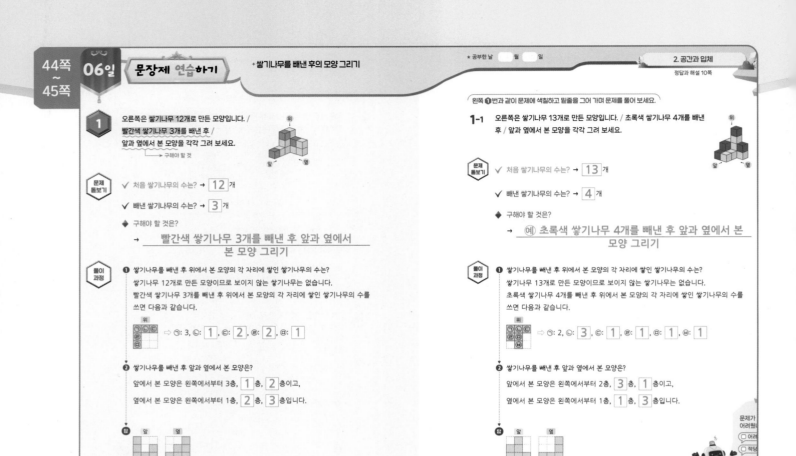

1 오른쪽은 쌓기나무 12개로 만든 모양입니다. / 빨간색 쌓기나무 3개를 빼낸 후 / 앞과 옆에서 본 모양을 각각 그려 보세요.
└→ 구해야 할 것

문제 돋보기

✔ 처음 쌓기나무의 수는? → 12 개

✔ 빼낸 쌓기나무의 수는? → 3 개

◆ 구해야 할 것은?
→ 빨간색 쌓기나무 3개를 빼낸 후 앞과 옆에서 본 모양 그리기

풀이 과정

❶ 쌓기나무를 빼낸 후 위에서 본 모양의 각 자리에 쌓인 쌓기나무의 수는?
쌓기나무 12개로 만든 모양이므로 보이지 않는 쌓기나무는 없습니다.
빨간색 쌓기나무 3개를 빼낸 후 위에서 본 모양의 각 자리에 쌓인 쌓기나무의 수를 쓰면 다음과 같습니다.

⇨ ㉠: 3, ㉡: 1, ㉢: 2, ㉣: 2, ㉤: 1

❷ 쌓기나무를 빼낸 후 앞과 옆에서 본 모양은?
앞에서 본 모양은 왼쪽에서부터 3층, 1 층, 2 층이고,
옆에서 본 모양은 왼쪽에서부터 1층, 2 층, 3 층입니다.

답 앞 옆

왼쪽 ❶번과 같이 문제에 색칠하고 밑줄을 그어 가며 문제를 풀어 보세요.

1-1 오른쪽은 쌓기나무 13개로 만든 모양입니다. / 초록색 쌓기나무 4개를 빼낸 후 / 앞과 옆에서 본 모양을 각각 그려 보세요.

문제 돋보기

✔ 처음 쌓기나무의 수는? → 13 개

✔ 빼낸 쌓기나무의 수는? → 4 개

◆ 구해야 할 것은?
→ 예 초록색 쌓기나무 4개를 빼낸 후 앞과 옆에서 본 모양 그리기

풀이 과정

❶ 쌓기나무를 빼낸 후 위에서 본 모양의 각 자리에 쌓인 쌓기나무의 수는?
쌓기나무 13개로 만든 모양이므로 보이지 않는 쌓기나무는 없습니다.
초록색 쌓기나무 4개를 빼낸 후 위에서 본 모양의 각 자리에 쌓인 쌓기나무의 수를 쓰면 다음과 같습니다.

⇨ ㉠: 2, ㉡: 3 , ㉢: 1 , ㉣: 1 , ㉤: 1 , ㉥: 1

❷ 쌓기나무를 빼낸 후 앞과 옆에서 본 모양은?
앞에서 본 모양은 왼쪽에서부터 2층, 3 층, 1 층이고,
옆에서 본 모양은 왼쪽에서부터 1층, 1 층, 3 층입니다.

답 앞 옆

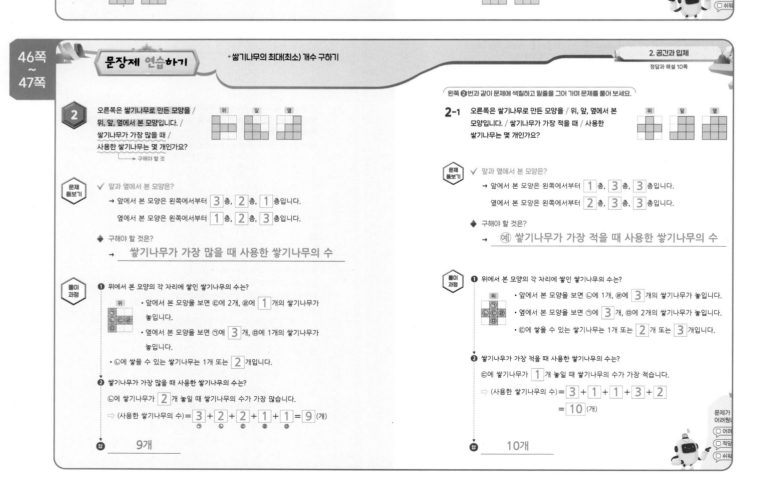

2 오른쪽은 쌓기나무로 만든 모양을 / 위, 앞, 옆에서 본 모양입니다. / 쌓기나무가 가장 많을 때 / 사용한 쌓기나무는 몇 개인가요?
└→ 구해야 할 것

문제 돋보기

✔ 앞과 옆에서 본 모양은?
→ 앞에서 본 모양은 왼쪽에서부터 3 층, 2 층, 1 층입니다.
옆에서 본 모양은 왼쪽에서부터 1 층, 2 층, 3 층입니다.

◆ 구해야 할 것은?
→ 쌓기나무가 가장 많을 때 사용한 쌓기나무의 수

풀이 과정

❶ 위에서 본 모양의 각 자리에 쌓인 쌓기나무의 수는?
• 앞에서 본 모양을 보면 ㉢에 2개, ㉣에 1 개의 쌓기나무가 놓입니다.
• 옆에서 본 모양을 보면 ㉠에 3 개, ㉣에 1개의 쌓기나무가 놓입니다.
• ㉡에 쌓을 수 있는 쌓기나무는 1개 또는 2 개입니다.

❷ 쌓기나무가 가장 많을 때 사용한 쌓기나무의 수는?
㉡에 쌓기나무가 2 개 놓일 때 쌓기나무의 수가 가장 많습니다.
⇨ (사용한 쌓기나무의 수)= 3 + 2 + 2 + 1 + 1 = 9 (개)

답 9개

왼쪽 ❷번과 같이 문제에 색칠하고 밑줄을 그어 가며 문제를 풀어 보세요.

2-1 오른쪽은 쌓기나무로 만든 모양을 / 위, 앞, 옆에서 본 모양입니다. / 쌓기나무가 가장 적을 때 / 사용한 쌓기나무는 몇 개인가요?

문제 돋보기

✔ 앞과 옆에서 본 모양은?
→ 앞에서 본 모양은 왼쪽에서부터 1 층, 3 층, 3 층입니다.
옆에서 본 모양은 왼쪽에서부터 2 층, 3 층, 3 층입니다.

◆ 구해야 할 것은?
→ 예 쌓기나무가 가장 적을 때 사용한 쌓기나무의 수

풀이 과정

❶ 위에서 본 모양의 각 자리에 쌓인 쌓기나무의 수는?
• 앞에서 본 모양을 보면 ㉡에 1개, ㉣에 3 개의 쌓기나무가 놓입니다.
• 옆에서 본 모양을 보면 ㉠에 3 개, ㉣에 2개의 쌓기나무가 놓입니다.
• ㉢에 쌓을 수 있는 쌓기나무는 1개 또는 2 개 또는 3 개입니다.

❷ 쌓기나무가 가장 적을 때 사용한 쌓기나무의 수는?
㉢에 쌓기나무가 1 개 놓일 때 쌓기나무의 수가 가장 적습니다.
⇨ (사용한 쌓기나무의 수)= 3 + 1 + 1 + 3 + 2
= 10 (개)

답 10개

문장제 실력 쌓기

+ 쌓기나무를 빼낸 후의 모양 그리기
+ 쌓기나무의 최대(최소) 개수 구하기

정답과 해설 11쪽

문제를 읽고 '연습하기'에서 했던 것처럼 밑줄을 그어 가며 문제를 풀어 보세요.

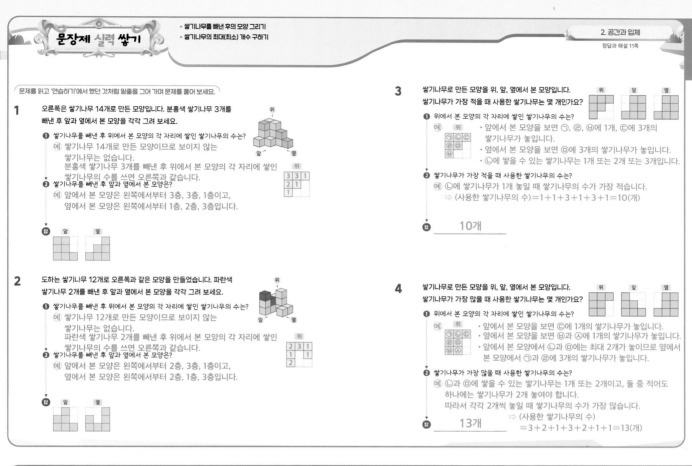

1 오른쪽은 쌓기나무 14개로 만든 모양입니다. 분홍색 쌓기나무 3개를 빼낸 후 앞과 옆에서 본 모양을 각각 그려 보세요.

❶ 쌓기나무를 빼낸 후 위에서 본 모양의 각 자리에 쌓인 쌓기나무의 수는?
예) 쌓기나무 14개로 만든 모양이므로 보이지 않는 쌓기나무는 없습니다.
분홍색 쌓기나무 3개를 빼낸 후 위에서 본 모양의 각 자리에 쌓인 쌓기나무의 수를 쓰면 오른쪽과 같습니다.
❷ 쌓기나무를 빼낸 후 앞과 옆에서 본 모양은?
예) 앞에서 본 모양은 왼쪽에서부터 3층, 3층, 1층이고, 옆에서 본 모양은 왼쪽에서부터 1층, 2층, 3층입니다.

답

2 도하는 쌓기나무 12개로 오른쪽과 같은 모양을 만들었습니다. 파란색 쌓기나무 2개를 빼낸 후 앞과 옆에서 본 모양을 각각 그려 보세요.

❶ 쌓기나무를 빼낸 후 위에서 본 모양의 각 자리에 쌓인 쌓기나무의 수는?
예) 쌓기나무 12개로 만든 모양이므로 보이지 않는 쌓기나무는 없습니다.
파란색 쌓기나무 2개를 빼낸 후 위에서 본 모양의 각 자리에 쌓인 쌓기나무의 수를 쓰면 오른쪽과 같습니다.
❷ 쌓기나무를 빼낸 후 앞과 옆에서 본 모양은?
예) 앞에서 본 모양은 왼쪽에서부터 2층, 3층, 1층이고, 옆에서 본 모양은 왼쪽에서부터 2층, 1층, 3층입니다.

답

3 쌓기나무로 만든 모양을 위, 앞, 옆에서 본 모양입니다. 쌓기나무가 가장 적을 때 사용한 쌓기나무는 몇 개인가요?

❶ 위에서 본 모양의 각 자리에 쌓인 쌓기나무의 수는?
예) • 앞에서 본 모양을 보면 ㉠, ㉣, ㉤에 1개, ㉢에 3개의 쌓기나무가 놓입니다.
• 옆에서 본 모양을 보면 ㉤에 3개의 쌓기나무가 놓입니다.
• ㉡에 쌓을 수 있는 쌓기나무는 1개 또는 2개 또는 3개입니다.
❷ 쌓기나무가 가장 적을 때 사용한 쌓기나무의 수는?
예) ㉡에 쌓기나무가 1개 놓일 때 쌓기나무의 수가 가장 적습니다.
⇨ (사용한 쌓기나무의 수)=1+1+3+1+3+1=10(개)

답 ___10개___

4 쌓기나무로 만든 모양을 위, 앞, 옆에서 본 모양입니다. 쌓기나무가 가장 많을 때 사용한 쌓기나무는 몇 개인가요?

❶ 위에서 본 모양의 각 자리에 쌓인 쌓기나무의 수는?
예) • 앞에서 본 모양을 보면 ㉢에 1개의 쌓기나무가 놓입니다.
• 옆에서 본 모양을 보면 ㉣과 Ⓐ에 1개의 쌓기나무가 놓입니다.
• 앞에서 본 모양에서 ㉡과 Ⓑ에는 최대 2개가 놓이고 옆에서 본 모양에서 ㉠과 Ⓔ에 3개의 쌓기나무가 놓입니다.
❷ 쌓기나무가 가장 많을 때 사용한 쌓기나무의 수는?
예) ㉡과 Ⓑ에 쌓을 수 있는 쌓기나무는 1개 또는 2개이고, 둘 중 적어도 하나에는 쌓기나무가 2개 놓여야 합니다.
따라서 각각 2개씩 놓일 때 쌓기나무의 수가 가장 많습니다.
⇨ (사용한 쌓기나무의 수)
=3+2+1+3+2+1+1=13(개)

답 ___13개___

07일 단원 마무리

★ 공부한 날 　월　일

정답과 해설 11쪽

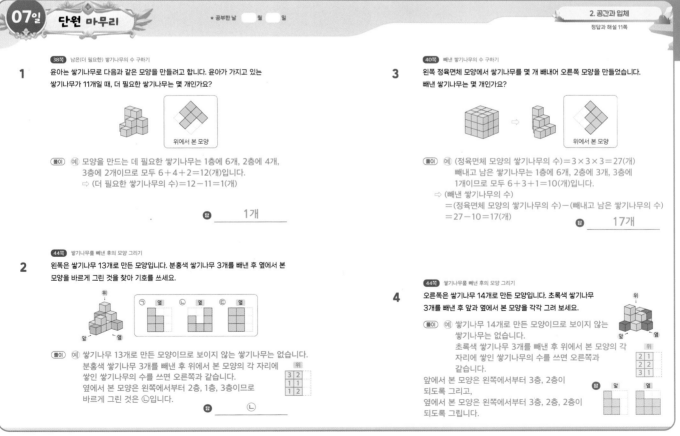

1 (38쪽) 남은(더 필요한) 쌓기나무의 수 구하기

윤아는 쌓기나무로 다음과 같은 모양을 만들려고 합니다. 윤아가 가지고 있는 쌓기나무가 11개일 때, 더 필요한 쌓기나무는 몇 개인가요?

위에서 본 모양

풀이 예) 모양을 만드는 데 필요한 쌓기나무는 1층에 6개, 2층에 4개, 3층에 2개이므로 모두 6+4+2=12(개)입니다.
⇨ (더 필요한 쌓기나무의 수)=12-11=1(개)

답 ___1개___

2 (44쪽) 쌓기나무를 빼낸 후의 모양 그리기

왼쪽은 쌓기나무 13개로 만든 모양입니다. 분홍색 쌓기나무 3개를 빼낸 후 옆에서 본 모양을 바르게 그린 것을 찾아 기호를 쓰세요.

풀이 예) 쌓기나무 13개로 만든 모양이므로 보이지 않는 쌓기나무는 없습니다.
분홍색 쌓기나무 3개를 빼낸 후 위에서 본 모양의 각 자리에 쌓인 쌓기나무의 수를 쓰면 오른쪽과 같습니다.
옆에서 본 모양은 왼쪽에서부터 2층, 1층, 3층이므로 바르게 그린 것은 ㉡입니다.

답 ___㉡___

3 (40쪽) 빼낸 쌓기나무의 수 구하기

왼쪽 정육면체 모양에서 쌓기나무를 몇 개 빼내어 오른쪽 모양을 만들었습니다. 빼낸 쌓기나무는 몇 개인가요?

풀이 예) (정육면체 모양의 쌓기나무의 수)=3×3×3=27(개)
빼고 남은 쌓기나무는 1층에 6개, 2층에 3개, 3층에 1개이므로 모두 6+3+1=10(개)입니다.
⇨ (빼낸 쌓기나무의 수)
=(정육면체 모양의 쌓기나무의 수)-(빼고 남은 쌓기나무의 수)
=27-10=17(개)

답 ___17개___

4 (44쪽) 쌓기나무를 빼낸 후의 모양 그리기

오른쪽은 쌓기나무 14개로 만든 모양입니다. 초록색 쌓기나무 3개를 빼낸 후 앞과 옆에서 본 모양을 각각 그려 보세요.

풀이 예) 쌓기나무 14개로 만든 모양이므로 보이지 않는 쌓기나무는 없습니다.
초록색 쌓기나무 3개를 빼낸 후 위에서 본 모양의 각 자리에 쌓인 쌓기나무의 수를 쓰면 오른쪽과 같습니다.
앞에서 본 모양은 왼쪽에서부터 3층, 2층이 되도록 그리고,
옆에서 본 모양은 왼쪽에서부터 3층, 2층, 2층이 되도록 그립니다.

답

46쪽 쌓기나무의 최대(최소) 개수 구하기

5 쌓기나무로 만든 모양을 위, 앞, 옆에서 본 모양입니다. 쌓기나무가 가장 적을 때 사용한 쌓기나무는 몇 개인가요?

위 앞 옆

풀이 예
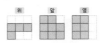
· 앞에서 본 모양을 보면 ⓒ에 3개, ⓒ에 2개의 쌓기나무가 놓입니다.
· 옆에서 본 모양을 보면 ㉣에 3개의 쌓기나무가 놓입니다.
· ㉠에 쌓을 수 있는 쌓기나무는 1개 또는 2개 또는 3개입니다.
  ㉠에 쌓기나무가 1개 놓일 때 쌓기나무의 수가 가장 적습니다.
  ⇨ (사용한 쌓기나무의 수)
  =1+3+2+3=9(개)

답 **9개**

46쪽 쌓기나무의 최대(최소) 개수 구하기

6 쌓기나무로 만든 모양을 위, 앞, 옆에서 본 모양입니다. 쌓기나무가 가장 많을 때 사용한 쌓기나무는 몇 개인가요?

위 앞 옆

풀이 예
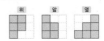
· 옆에서 본 모양을 보면 ㉤에 1개의 쌓기나무가 놓입니다.
· 앞에서 본 모양에서 ⓒ과 ㉣에는 쌓기나무가 1개 또는 2개 놓이고, 옆에서 본 모양에서 ⓒ에도 쌓기나무가 1개 또는 2개 놓입니다.
· ⓛ, ⓒ, ㉣에는 쌓기나무가 3개까지 놓일 수 없으므로 ㉠에 쌓기나무가 3개 놓여야 합니다.
· ⓛ, ⓒ, ㉣에 쌓기나무를 2개씩 놓을 때 쌓기나무의 수가 가장 많습니다.
  ⇨ (사용한 쌓기나무의 수)
  =3+2+2+2+1=10(개)

답 **10개**

40쪽 빼낸 쌓기나무의 수 구하기

7 한 모서리에 쌓기나무가 4개씩 놓인 정육면체 모양에서 쌓기나무를 몇 개 빼내어 오른쪽과 같은 모양을 만들었습니다. 빼낸 쌓기나무는 몇 개인가요?

위에서 본 모양

풀이 예 (정육면체 모양의 쌓기나무의 수)
=4×4×4=64(개)
빼고 남은 쌓기나무는 1층에 12개, 2층에 6개, 3층에 4개, 4층에 1개이므로 모두 12+6+4+1=23(개)입니다.
⇨ (빼낸 쌓기나무의 수)=64-23=41(개)

답 **41개**

38쪽 남은(더 필요한) 쌓기나무의 수 구하기

8 도전 문제

민서와 유찬이는 각각 쌓기나무 12개로 위에서 본 모양이 왼쪽과 같도록 서로 다른 모양을 만들었습니다. 모양을 만들고 남은 쌓기나무가 더 많은 사람은 누구인가요?

위에서 본 모양   민서   유찬

❶ 민서와 유찬이가 사용하고 남은 쌓기나무의 수를 각각 구하면?
예 민서가 만든 모양은 1층에 6개, 2층에 2개, 3층에 1개이므로 모두 6+2+1=9(개)입니다. ⇨ (남은 쌓기나무의 수)=12-9=3(개)
유찬이가 만든 모양은 1층에 6개, 2층에 4개이므로 모두 6+4=10(개)입니다.
⇨ (남은 쌓기나무의 수)=12-10=2(개)

❷ 남은 쌓기나무가 더 많은 사람은?
예 남은 쌓기나무의 수를 비교하면 3 > 2이므로 남은 쌓기나무가 더 많은 사람은 민서입니다.

답 **민서**

3. 소수의 나눗셈

함께 풀어 보요!

보석을 찾으며 빈칸에 알맞은 수나 말을 써 보세요.

배의 무게는 0.5 kg이고,
사과의 무게는 0.2 kg이야.
배의 무게는 사과의 무게의
$\boxed{0.5} \div \boxed{0.2} = \boxed{2.5}$ (배)야.

둘레가 21.2 cm인 정다각형의 한 변의
길이가 2.65 cm야. 이 정다각형의 변은
$\boxed{21.2} \div \boxed{2.65} = \boxed{8}$ (개)이니까
정다각형의 이름은 $\boxed{\text{정팔각형}}$ 이야.

참기름 4.5 L를 한 병에 0.6 L씩
담으려고 해. 몫을 자연수 부분까지 구하면
$\boxed{4.5} \div \boxed{0.6} = \boxed{7} \cdots \boxed{0.3}$ 이니까
참기름을 $\boxed{7}$ 병까지 담을 수 있고,
남는 참기름은 $\boxed{0.3}$ L야.

08일 **문장제 연습하기** + 가격 비교하기

★ 공부한 날 월 일

3. 소수의 나눗셈
정답과 해설 13쪽

58쪽
~
59쪽

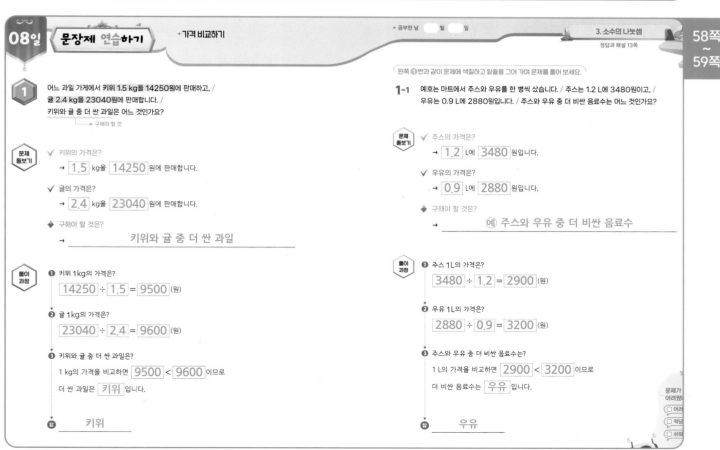

왼쪽 ❶번과 같이 문제에 색칠하고 밑줄을 그어 가며 문제를 풀어 보세요.

1 어느 과일 가게에서 키위 1.5 kg을 14250원에 판매하고, / 귤 2.4 kg을 23040원에 판매합니다. / 키위와 귤 중 더 싼 과일은 어느 것인가요?
→ 구해야 할 것

문제 돌보기
✓ 키위의 가격은?
→ $\boxed{1.5}$ kg을 $\boxed{14250}$ 원에 판매합니다.

✓ 귤의 가격은?
→ $\boxed{2.4}$ kg을 $\boxed{23040}$ 원에 판매합니다.

◆ 구해야 할 것은?
→ ____키위와 귤 중 더 싼 과일____

풀이 과정
❶ 키위 1kg의 가격은?
$\boxed{14250} \div \boxed{1.5} = \boxed{9500}$ (원)

❷ 귤 1kg의 가격은?
$\boxed{23040} \div \boxed{2.4} = \boxed{9600}$ (원)

❸ 키위와 귤 중 더 싼 과일은?
1 kg의 가격을 비교하면 $\boxed{9500} < \boxed{9600}$ 이므로
더 싼 과일은 $\boxed{키위}$ 입니다.

답 ____키위____

1-1 예호는 마트에서 주스와 우유를 한 병씩 샀습니다. / 주스는 1.2 L에 3480원이고, / 우유는 0.9 L에 2880원입니다. / 주스와 우유 중 더 비싼 음료수는 어느 것인가요?

문제 돌보기
✓ 주스의 가격은?
→ $\boxed{1.2}$ L에 $\boxed{3480}$ 원입니다.

✓ 우유의 가격은?
→ $\boxed{0.9}$ L에 $\boxed{2880}$ 원입니다.

◆ 구해야 할 것은?
→ ____(예) 주스와 우유 중 더 비싼 음료수____

풀이 과정
❶ 주스 1L의 가격은?
$\boxed{3480} \div \boxed{1.2} = \boxed{2900}$ (원)

❷ 우유 1L의 가격은?
$\boxed{2880} \div \boxed{0.9} = \boxed{3200}$ (원)

❸ 주스와 우유 중 더 비싼 음료수는?
1 L의 가격을 비교하면 $\boxed{2900} < \boxed{3200}$ 이므로
더 비싼 음료수는 $\boxed{우유}$ 입니다.

답 ____우유____

문제가
어려웠나요?
○ 어려워
○ 적당해
○ 쉬워

문장제 연습하기

+ 전체의 양을 구해 똑같이 나누기

2 2.5 L 들이의 페인트가 3통 있습니다. / 이 페인트를 하루에 1.5 L씩 사용한다면 / 며칠 동안 사용할 수 있나요?
→ 구해야 할 것

문제 돋보기

✓ 전체 페인트의 양은?
→ 2.5 L 들이 3 통

✓ 하루에 사용하는 페인트의 양은?
→ 1.5 L

◆ 구해야 할 것은?
→ 페인트를 며칠 동안 사용할 수 있는지 구하기

풀이 과정

❶ 전체 페인트의 양은?
(전체 페인트의 양)=(한 통에 들어 있는 페인트의 양)×(페인트 통의 수)
= 2.5 ×3= 7.5 (L)

❷ 페인트를 며칠 동안 사용할 수 있는지 구하면?
(사용할 수 있는 날수)=(전체 페인트의 양)÷(하루에 사용하는 페인트의 양)
= 7.5 ÷ 1.5 = 5 (일)

답 ___5일___

왼쪽 ❷번과 같이 문제에 색칠하고 밑줄을 그어 가며 문제를 풀어 보세요.

2-1 은성이네 반 선생님은 콩주머니를 만들려고 / 한 자루에 3.3 kg인 콩을 4자루 준비하였습니다. / 이 콩을 한 모둠에게 2.2 kg씩 나누어 주면 / 모두 몇 모둠에게 나누어 줄 수 있나요?

문제 돋보기

✓ 전체 콩의 무게는?
→ 3.3 kg씩 4 자루

✓ 한 모둠에게 나누어 줄 콩의 무게는?
→ 2.2 kg

◆ 구해야 할 것은?
→ (예) 콩을 나누어 줄 수 있는 모둠의 수

풀이 과정

❶ 전체 콩의 무게는?
(전체 콩의 무게)=(콩 한 자루의 무게)×(콩 자루의 수)
= 3.3 ×4= 13.2 (kg)

❷ 콩을 나누어 줄 수 있는 모둠의 수는?
(콩을 나누어 줄 수 있는 모둠의 수)
=(전체 콩의 무게)÷(한 모둠에게 나누어 줄 콩의 무게)
= 13.2 ÷ 2.2 = 6 (모둠)

답 ___6모둠___

문제가 어려웠나
○ 어려
○ 적당
○ 쉬워

문장제 실력 쌓기

+ 가격 비교하기
+ 전체의 양을 구해 똑같이 나누기

문제를 읽고 '연습하기'에서 했던 것처럼 밑줄을 그어 가며 문제를 풀어 보세요.

1 수정이는 옷을 만들기 위해 파란색 옷감 1.8 m를 13500원에 샀고, 분홍색 옷감 2.5 m를 20250원에 샀습니다. 파란색 옷감과 분홍색 옷감 중 더 싼 옷감은 어느 것인가요?

❶ 파란색 옷감 1m의 가격은?
(예) 13500÷1.8=7500(원)

❷ 분홍색 옷감 1m의 가격은?
(예) 20250÷2.5=8100(원)

❸ 파란색 옷감과 분홍색 옷감 중 더 싼 옷감은?
(예) 1 m의 가격을 비교하면 7500<8100이므로 더 싼 옷감은 파란색 옷감입니다.

답 ___파란색 옷감___

2 어느 공방에 한 덩이에 2.4 kg인 점토가 7덩이 있습니다. 도자기를 한 개 만드는 데 점토가 2.1 kg 필요하다면 똑같은 도자기를 몇 개 만들 수 있나요?

❶ 전체 점토의 무게는?
(예) (점토 한 덩이의 무게)×(점토 덩이의 수)
=2.4×7=16.8(kg)

❷ 만들 수 있는 도자기의 수는?
(예) (전체 점토의 무게)÷(도자기를 한 개 만드는 데 사용하는 점토의 무게)
=16.8÷2.1=8(개)

답 ___8개___

3 마트에서 판매하는 초콜릿과 사탕의 무게와 가격이 오른쪽과 같을 때, 초콜릿과 사탕 중 더 비싼 것은 어느 것인가요?

	무게	가격
초콜릿	0.7 kg	5740원
사탕	0.4 kg	3080원

❶ 초콜릿 1kg의 가격은?
(예) 5740÷0.7=8200(원)

❷ 사탕 1kg의 가격은?
(예) 3080÷0.4=7700(원)

❸ 초콜릿과 사탕 중 더 비싼 것은?
(예) 1 kg의 가격을 비교하면 8200>7700이므로 더 비싼 것은 초콜릿입니다.

답 ___초콜릿___

4 철사를 윤서는 1.8 m씩 8도막으로 잘랐고, 같은 길이의 철사를 성우는 1.2 m씩 잘랐습니다. 성우가 자른 철사는 모두 몇 도막인가요?

❶ 자르기 전 윤서가 가지고 있던 철사의 길이는?
(예) (철사 한 도막의 길이)×(철사 도막의 수)
=1.8×8=14.4(m)

❷ 성우가 자른 철사의 도막의 수는?
(예) 두 사람이 가지고 있던 철사의 길이가 같으므로 성우가 자르기 전의 철사의 길이는 14.4 m입니다.
(철사 도막의 수)=(전체 철사의 길이)÷(철사 한 도막의 길이)
=14.4÷1.2=12(도막)

답 ___12도막___

1 굵기가 일정한 철근 0.4 m의 무게가 1.92 kg입니다. /
같은 굵기의 철근의 무게가 7.2 kg일 때, /
이 철근의 길이는 몇 m인가요?
└→ 구해야 할 것

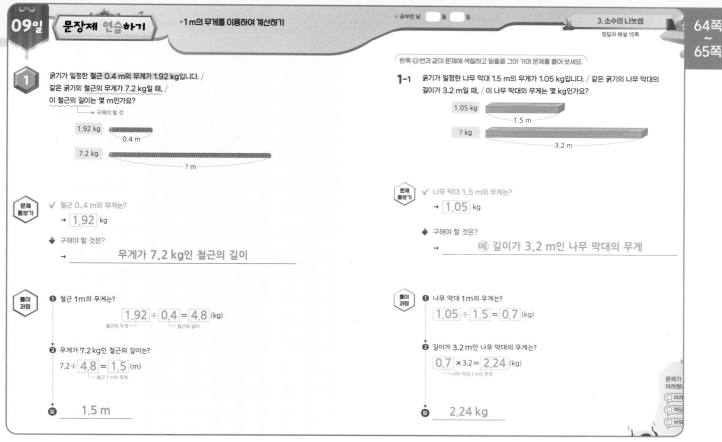

1.92 kg
0.4 m

7.2 kg
? m

문제 돋보기
✓ 철근 0.4 m의 무게는?
→ 1.92 kg

◆ 구해야 할 것은?
→ 무게가 7.2 kg인 철근의 길이

풀이 과정
❶ 철근 1m의 무게는?
1.92 ÷ 0.4 = 4.8 (kg)
└철근의 무게 └철근의 길이

❷ 무게가 7.2 kg인 철근의 길이는?
7.2 ÷ 4.8 = 1.5 (m)
└철근 1 m의 무게

답 1.5 m

왼쪽 ❶번과 같이 문제에 색칠하고 밑줄을 그어 가며 문제를 풀어 보세요.

1-1 굵기가 일정한 나무 막대 1.5 m의 무게가 1.05 kg입니다. / 같은 굵기의 나무 막대의
길이가 3.2 m일 때, / 이 나무 막대의 무게는 몇 kg인가요?

1.05 kg
1.5 m

? kg
3.2 m

문제 돋보기
✓ 나무 막대 1.5 m의 무게는?
→ 1.05 kg

◆ 구해야 할 것은?
→ 예) 길이가 3.2 m인 나무 막대의 무게

풀이 과정
❶ 나무 막대 1m의 무게는?
1.05 ÷ 1.5 = 0.7 (kg)

❷ 길이가 3.2 m인 나무 막대의 무게는?
0.7 × 3.2 = 2.24 (kg)
└→ 나무 막대 1 m의 무게

답 2.24 kg

문제가 어려웠나요?
◯어려
◯적당
◯쉬워

문장제 연습하기 ⁺갈 수 있는 거리 구하기 3. 소수의 나눗셈 정답과 해설 15쪽 66쪽 ~ 67쪽

2 일정한 빠르기로 /
1시간 15분 동안 87.5 km를 갈 수 있는 /
자동차가 있습니다. /
이 자동차로 3시간 30분 동안 /
갈 수 있는 거리는 몇 km인가요?
└→ 구해야 할 것

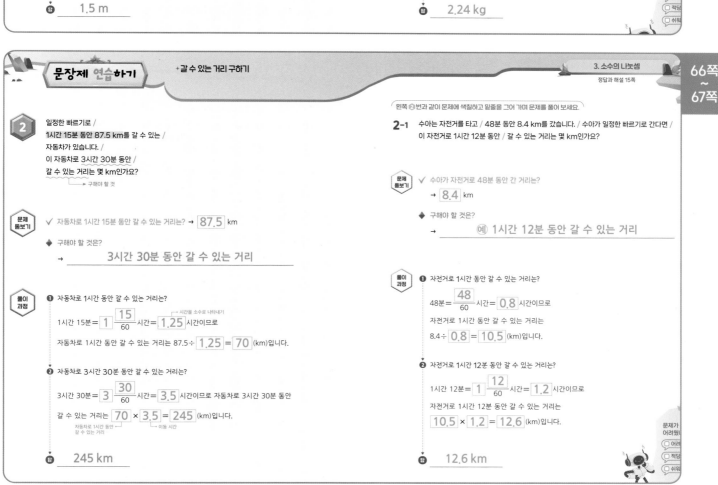

문제 돋보기
✓ 자동차로 1시간 15분 동안 갈 수 있는 거리는? → 87.5 km

◆ 구해야 할 것은?
→ 3시간 30분 동안 갈 수 있는 거리

풀이 과정
❶ 자동차로 1시간 동안 갈 수 있는 거리는?
                                    ┌→ 시간을 소수로 나타내기
1시간 15분= 1 15/60 시간= 1.25 시간이므로

자동차로 1시간 동안 갈 수 있는 거리는 87.5 ÷ 1.25 = 70 (km)입니다.

❷ 자동차로 3시간 30분 동안 갈 수 있는 거리는?
3시간 30분= 3 30/60 시간= 3.5 시간이므로 자동차로 3시간 30분 동안

갈 수 있는 거리는 70 × 3.5 = 245 (km)입니다.
                    └자동차로 1시간 동안 └이동 시간
                     갈 수 있는 거리

답 245 km

왼쪽 ❷번과 같이 문제에 색칠하고 밑줄을 그어 가며 문제를 풀어 보세요.

2-1 수아는 자전거를 타고 / 48분 동안 8.4 km를 갔습니다. / 수아가 일정한 빠르기로 간다면 /
이 자전거로 1시간 12분 동안 / 갈 수 있는 거리는 몇 km인가요?

문제 돋보기
✓ 수아가 자전거로 48분 동안 간 거리는?
→ 8.4 km

◆ 구해야 할 것은?
→ 예) 1시간 12분 동안 갈 수 있는 거리

풀이 과정
❶ 자전거로 1시간 동안 갈 수 있는 거리는?
48분= 48/60 시간= 0.8 시간이므로

자전거로 1시간 동안 갈 수 있는 거리는
8.4 ÷ 0.8 = 10.5 (km)입니다.

❷ 자전거로 1시간 12분 동안 갈 수 있는 거리는?
1시간 12분= 1 12/60 시간= 1.2 시간이므로

자전거로 1시간 12분 동안 갈 수 있는 거리는
10.5 × 1.2 = 12.6 (km)입니다.

답 12.6 km

문제가 어려웠나요?
◯어려
◯적당
◯쉬워

문장제 실력 쌓기

• 1 m의 무게를 이용하여 계산하기
• 갈 수 있는 거리 구하기

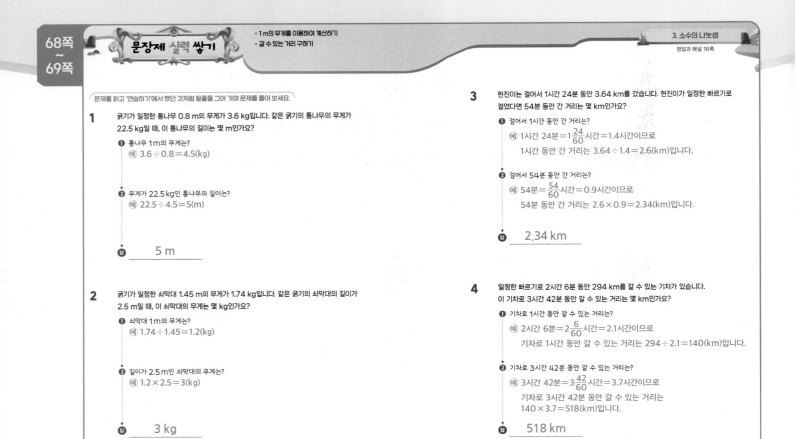

문제를 읽고 '연습하기'에서 했던 것처럼 밑줄을 그어 가며 문제를 풀어 보세요.

1 굵기가 일정한 통나무 0.8 m의 무게가 3.6 kg입니다. 같은 굵기의 통나무의 무게가 22.5 kg일 때, 이 통나무의 길이는 몇 m인가요?

❶ 통나무 1 m의 무게는?
예 3.6÷0.8=4.5(kg)

❷ 무게가 22.5 kg인 통나무의 길이는?
예 22.5÷4.5=5(m)

답 ___5 m___

2 굵기가 일정한 쇠막대 1.45 m의 무게가 1.74 kg입니다. 같은 굵기의 쇠막대의 길이가 2.5 m일 때, 이 쇠막대의 무게는 몇 kg인가요?

❶ 쇠막대 1 m의 무게는?
예 1.74÷1.45=1.2(kg)

❷ 길이가 2.5 m인 쇠막대의 무게는?
예 1.2×2.5=3(kg)

답 ___3 kg___

3 현진이는 걸어서 1시간 24분 동안 3.64 km를 갔습니다. 현진이가 일정한 빠르기로 걸었다면 54분 동안 간 거리는 몇 km인가요?

❶ 걸어서 1시간 동안 간 거리는?
예 1시간 24분=$1\frac{24}{60}$시간=1.4시간이므로
1시간 동안 간 거리는 3.64÷1.4=2.6(km)입니다.

❷ 걸어서 54분 동안 간 거리는?
예 54분=$\frac{54}{60}$시간=0.9시간이므로
54분 동안 간 거리는 2.6×0.9=2.34(km)입니다.

답 ___2.34 km___

4 일정한 빠르기로 2시간 6분 동안 294 km를 갈 수 있는 기차가 있습니다. 이 기차로 3시간 42분 동안 갈 수 있는 거리는 몇 km인가요?

❶ 기차로 1시간 동안 갈 수 있는 거리는?
예 2시간 6분=$2\frac{6}{60}$시간=2.1시간이므로
기차로 1시간 동안 갈 수 있는 거리는 294÷2.1=140(km)입니다.

❷ 기차로 3시간 42분 동안 갈 수 있는 거리는?
예 3시간 42분=$3\frac{42}{60}$시간=3.7시간이므로
기차로 3시간 42분 동안 갈 수 있는 거리는 140×3.7=518(km)입니다.

답 ___518 km___

문장제 연습하기

• 몫이 가장 클(작을) 때의 값 구하기

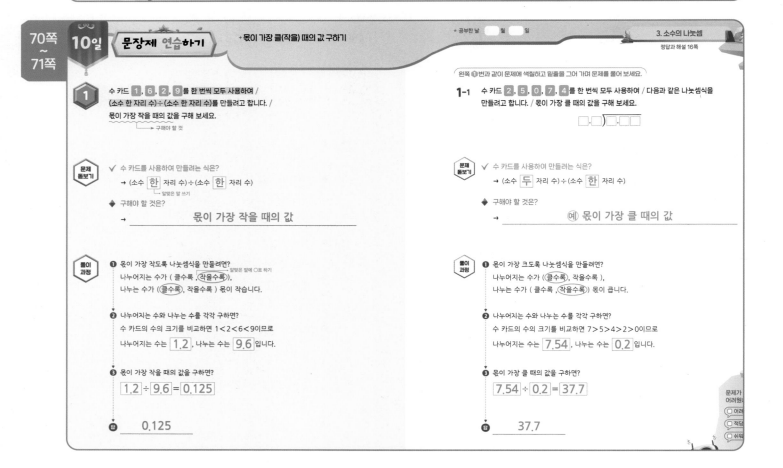

1 수 카드 1, 6, 2, 9 를 한 번씩 모두 사용하여 / (소수 한 자리 수)÷(소수 한 자리 수)를 만들려고 합니다. / 몫이 가장 작을 때의 값을 구해 보세요.
└ 구해야 할 것

문제 돋보기
✔ 수 카드를 사용하여 만들려는 식은?
→ (소수 한 자리 수)÷(소수 한 자리 수)
└ 알맞은 말 쓰기

◆ 구해야 할 것은?
→ ___몫이 가장 작을 때의 값___

풀이 과정
❶ 몫이 가장 작도록 나눗셈식을 만들려면?
└ 알맞은 말에 ○표 하기
나누어지는 수가 (클수록 , ⟨작을수록⟩),
나누는 수가 (⟨클수록⟩ , 작을수록) 몫이 작습니다.

❷ 나누어지는 수와 나누는 수를 각각 구하면?
수 카드의 수의 크기를 비교하면 1<2<6<9이므로
나누어지는 수는 1.2 , 나누는 수는 9.6 입니다.

❸ 몫이 가장 작을 때의 값을 구하면?
1.2÷9.6=0.125

답 ___0.125___

1-1 수 카드 2, 5, 0, 7, 4 를 한 번씩 모두 사용하여 / 다음과 같은 나눗셈식을 만들려고 합니다. / 몫이 가장 클 때의 값을 구해 보세요.

□.□)□.□□

문제 돋보기
✔ 수 카드를 사용하여 만들려는 식은?
→ (소수 두 자리 수)÷(소수 한 자리 수)

◆ 구해야 할 것은?
→ 예 몫이 가장 클 때의 값

풀이 과정
❶ 몫이 가장 크도록 나눗셈식을 만들려면?
나누어지는 수가 (⟨클수록⟩ , 작을수록),
나누는 수가 (클수록 , ⟨작을수록⟩) 몫이 큽니다.

❷ 나누어지는 수와 나누는 수를 각각 구하면?
수 카드의 수의 크기를 비교하면 7>5>4>2>0이므로
나누어지는 수는 7.54 , 나누는 수는 0.2 입니다.

❸ 몫이 가장 클 때의 값을 구하면?
7.54÷0.2=37.7

답 ___37.7___

문장제 연습하기

+ 남김없이 모두 담을 때
더 필요한 양 구하기

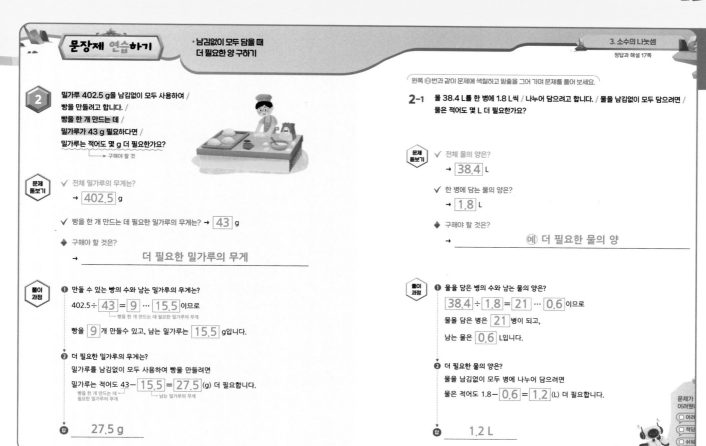

2 밀가루 402.5 g을 남김없이 모두 사용하여 /
빵을 만들려고 합니다. /
빵을 한 개 만드는 데 /
밀가루가 43 g 필요하다면 /
밀가루는 적어도 몇 g 더 필요한가요?
→ 구해야 할 것

문제 돋보기

✓ 전체 밀가루의 무게는?
→ 402.5 g

✓ 빵을 한 개 만드는 데 필요한 밀가루의 무게는? → 43 g

◆ 구해야 할 것은?
→ 더 필요한 밀가루의 무게

풀이 과정

❶ 만들 수 있는 빵의 수와 남는 밀가루의 무게는?
402.5÷ 43 = 9 … 15.5 이므로
→ 빵을 한 개 만드는 데 필요한 밀가루의 무게

빵을 9 개 만들수 있고, 남는 밀가루는 15.5 g입니다.

❷ 더 필요한 밀가루의 무게는?
밀가루를 남김없이 모두 사용하여 빵을 만들려면
밀가루는 적어도 43− 15.5 = 27.5 (g) 더 필요합니다.
↑빵을 한 개 만드는 데   ↑남는 밀가루의 무게
필요한 밀가루의 무게

답 **27.5 g**

왼쪽 **2**번과 같이 문제에 색칠하고 밑줄을 그어 가며 문제를 풀어 보세요.

2-1 물 38.4 L를 한 병에 1.8 L씩 / 나누어 담으려고 합니다. / 물을 남김없이 모두 담으려면 /
물은 적어도 몇 L 더 필요한가요?

문제 돋보기

✓ 전체 물의 양은?
→ 38.4 L

✓ 한 병에 담는 물의 양은?
→ 1.8 L

◆ 구해야 할 것은?
→ 예 더 필요한 물의 양

풀이 과정

❶ 물을 담은 병의 수와 남는 물의 양은?
38.4 ÷ 1.8 = 21 … 0.6 이므로
물을 담은 병은 21 병이 되고,
남는 물은 0.6 L입니다.

❷ 더 필요한 물의 양은?
물을 남김없이 모두 병에 나누어 담으려면
물은 적어도 1.8− 0.6 = 1.2 (L) 더 필요합니다.

답 **1.2 L**

문제가
어려웠나요?
◻어려워
◻적당
◻쉬워

문장제 실력 쌓기

+ 몫이 가장 클(작을) 때의 값 구하기
+ 남김없이 모두 담을 때 더 필요한 양 구하기

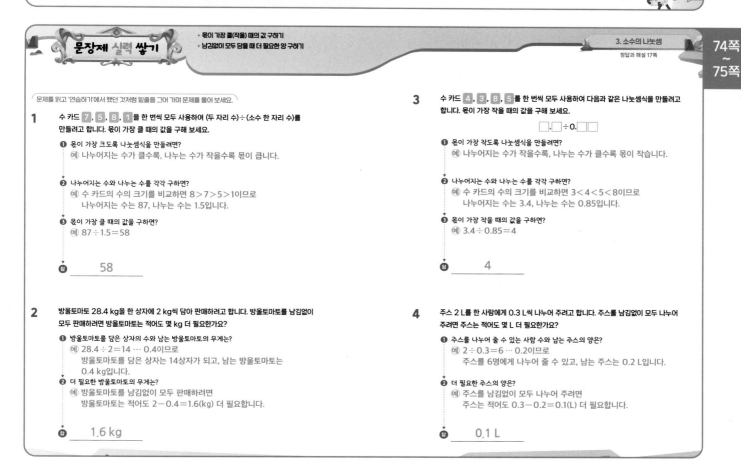

문제를 읽고 '연습하기'에서 했던 것처럼 밑줄을 그어 가며 문제를 풀어 보세요.

1 수 카드 7, 5, 8, 1 을 한 번씩 모두 사용하여 (두 자리 수)÷(소수 한 자리 수)를
만들려고 합니다. 몫이 가장 클 때의 값을 구해 보세요.

❶ 몫이 가장 크도록 나눗셈식을 만들려면?
예 나누어지는 수가 클수록, 나누는 수가 작을수록 몫이 큽니다.

❷ 나누어지는 수와 나누는 수를 각각 구하면?
예 수 카드의 수의 크기를 비교하면 8>7>5>1이므로
나누어지는 수는 87, 나누는 수는 1.5입니다.

❸ 몫이 가장 클 때의 값을 구하면?
예 87÷1.5=58

답 **58**

2 방울토마토 28.4 kg을 한 상자에 2 kg씩 담아 판매하려고 합니다. 방울토마토를 남김없이
모두 판매하려면 방울토마토는 적어도 몇 kg 더 필요한가요?

❶ 방울토마토를 담은 상자의 수와 남는 방울토마토의 무게는?
예 28.4÷2=14 … 0.4이므로
방울토마토를 담은 상자는 14상자가 되고, 남는 방울토마토는
0.4 kg입니다.

❷ 더 필요한 방울토마토의 무게는?
예 방울토마토를 남김없이 모두 판매하려면
방울토마토는 적어도 2−0.4=1.6(kg) 더 필요합니다.

답 **1.6 kg**

3 수 카드 4, 3, 8, 5 를 한 번씩 모두 사용하여 다음과 같은 나눗셈식을 만들려고
합니다. 몫이 가장 작을 때의 값을 구해 보세요.

□.□÷0.□□

❶ 몫이 가장 작도록 나눗셈식을 만들려면?
예 나누어지는 수가 작을수록, 나누는 수가 클수록 몫이 작습니다.

❷ 나누어지는 수와 나누는 수를 각각 구하면?
예 수 카드의 수의 크기를 비교하면 3<4<5<8이므로
나누어지는 수는 3.4, 나누는 수는 0.85입니다.

❸ 몫이 가장 작을 때의 값을 구하면?
예 3.4÷0.85=4

답 **4**

4 주스 2 L를 한 사람에게 0.3 L씩 나누어 주려고 합니다. 주스를 남김없이 모두 나누어
주려면 주스는 적어도 몇 L 더 필요한가요?

❶ 주스를 나누어 줄 수 있는 사람 수와 남는 주스의 양은?
예 2÷0.3=6 … 0.2이므로
주스를 6명에게 나누어 줄 수 있고, 남는 주스는 0.2 L입니다.

❷ 더 필요한 주스의 양은?
예 주스를 남김없이 모두 나누어 주려면
주스는 적어도 0.3−0.2=0.1(L) 더 필요합니다.

답 **0.1 L**

1 `60쪽` 전체의 양을 구해 똑같이 나누기

병 2개에 식혜가 각각 2.4 L, 1.2 L 담겨 있습니다. 이 식혜를 한 사람에게 0.4 L씩 나누어 준다면 모두 몇 사람에게 나누어 줄 수 있나요?

풀이 예 (전체 식혜의 양)=2.4+1.2=3.6(L)
(식혜를 나누어 줄 수 있는 사람의 수)=3.6÷0.4=9(명)

답 　9명

2 `58쪽` 가격 비교하기

어느 채소 가게에서 당근 1.8 kg을 4500원에 판매하고, 양파 2.2 kg을 5720원에 판매합니다. 당근과 양파 중 더 싼 채소는 어느 것인가요?

풀이 예 (당근 1 kg의 가격)=4500÷1.8=2500(원)
(양파 1 kg의 가격)=5720÷2.2=2600(원)
1 kg의 가격을 비교하면 2500<2600이므로 더 싼 채소는 당근입니다.

답 　당근

3 `60쪽` 전체의 양을 구해 똑같이 나누기

한 자루에 5.6 kg인 고춧가루가 4자루 있습니다. 이 고춧가루를 한 통에 1.4 kg씩 나누어 담는다면 몇 통에 담을 수 있나요?

풀이 예 (전체 고춧가루의 무게)=5.6×4=22.4(kg)
(담을 수 있는 통의 수)=22.4÷1.4=16(통)

답 　16통

4 `64쪽` 1 m의 무게를 이용하여 계산하기

굵기가 일정한 나무토막 3.3 m의 무게가 18.15 kg입니다. 같은 굵기의 나무토막의 무게가 13.2 kg일 때, 이 나무토막의 길이는 몇 m인가요?

풀이 예 (나무토막 1 m의 무게)=18.15÷3.3=5.5(kg)
(무게가 13.2 kg인 나무토막의 길이)=13.2÷5.5=2.4(m)

답 　2.4 m

5 `66쪽` 갈 수 있는 거리 구하기

일정한 빠르기로 1시간 36분 동안 128 km를 갈 수 있는 트럭이 있습니다. 이 트럭으로 2시간 45분 동안 갈 수 있는 거리는 몇 km인가요?

풀이 예 1시간 36분=$1\frac{36}{60}$시간=1.6시간이므로 트럭으로 1시간 동안
갈 수 있는 거리는 128÷1.6=80(km)입니다.
2시간 45분=$2\frac{45}{60}$시간=2.75시간이므로 트럭으로 2시간 45분
동안 갈 수 있는 거리는 80×2.75=220(km)입니다.

답 　220 km

6 `70쪽` 몫이 가장 클(작을) 때의 값 구하기

수 카드 0, 6, 8, 5 를 한 번씩 모두 사용하여
(소수 한 자리 수)÷(소수 한 자리 수)를 만들려고 합니다.
몫이 가장 클 때의 값을 구해 보세요.

풀이 예 나누어지는 수가 클수록, 나누는 수가 작을수록 몫이 큽니다.
수 카드의 수의 크기를 비교하면 8>6>5>0이므로
나누어지는 수는 8.6, 나누는 수는 0.5입니다.
⇨ 8.6÷0.5=17.2

답 　17.2

7 `72쪽` 남김없이 모두 담을 때 더 필요한 양 구하기

어느 복지관에서 팥죽 17.4 kg을 한 사람에게 0.4 kg씩 나누어 주려고 합니다. 팥죽을 남김없이 모두 나누어 주려면 팥죽은 적어도 몇 kg 더 필요한가요?

풀이 예 17.4÷0.4=43 … 0.2이므로
팥죽을 43명에게 나누어 줄 수 있고, 남는 팥죽은 0.2 kg입니다.
팥죽을 남김없이 모두 나누어 주려면
팥죽은 적어도 0.4-0.2=0.2(kg) 더 필요합니다.

답 　0.2 kg

8 `66쪽` 갈 수 있는 거리 구하기

일정한 빠르기로 1시간 30분 동안 67.5 km를 갈 수 있는 오토바이가 있습니다. 미술관과 공원 중 이 오토바이로 18분 동안 달리면 도착하는 장소는 어디인가요?

출발

22.5 km　　13.5 km

미술관　　　　공원

풀이 예 1시간 30분=$1\frac{30}{60}$시간=1.5시간이므로
오토바이로 1시간 동안 갈 수 있는 거리는 67.5÷1.5=45(km)입니다.
18분=$\frac{18}{60}$시간=0.3시간이므로
오토바이로 18분 동안 갈 수 있는 거리는 45×0.3=13.5(km)입니다.
따라서 18분 동안 달리면 도착하는 장소는 공원입니다.

답 　공원

9 `70쪽` 몫이 가장 클(작을) 때의 값 구하기

수 카드 5, 4, 0, 8, 6 을 한 번씩 모두 사용하여
(소수 두 자리 수)÷(소수 한 자리 수)를 만들려고 합니다. 몫이 가장 작을 때의 값은 얼마인지 반올림하여 소수 둘째 자리까지 나타내어 보세요.

풀이 예 나누어지는 수가 작을수록, 나누는 수가 클수록 몫이 작습니다.
수 카드의 수의 크기를 비교하면 0<4<5<6<8이므로
나누어지는 수는 0.45, 나누는 수는 8.6입니다.
따라서 0.45÷8.6=0.052……이므로 반올림하여 소수
둘째 자리까지 나타내면 0.05입니다.

답 　0.05

10 도전 문제 `72쪽` 남김없이 모두 담을 때 더 필요한 양 구하기

화영이네 학교에 한 상자에 1.8 kg인 철가루가 3상자 있습니다. 철가루를 한 봉지에 0.25 kg씩 나누어 담으려고 합니다. 철가루를 남김없이 모두 나누어 담으려면 철가루는 적어도 몇 kg 더 필요한가요?

❶ 전체 철가루의 무게는?
예 1.8×3=5.4(kg)

❷ 철가루를 담은 봉지의 수와 남는 철가루의 무게는?
예 5.4÷0.25=21 … 0.15이므로
철가루는 21봉지가 되고, 남는 철가루는 0.15 kg입니다.

❸ 더 필요한 철가루의 무게는?
예 철가루를 남김없이 모두 봉지에 나누어 담으려면
철가루는 적어도 0.25-0.15=0.1(kg) 더 필요합니다.

답 　0.1 kg

4. 비례식과 비례배분

82쪽 ~ 83쪽

문장제 준비하기

함께 풀어 보요!
보석을 찾으며 빈칸에 알맞은 수를 써 보세요.

정답과 해설 19쪽

꽃밭에 장미가 16송이, 튤립이 20송이 있어. 장미와 튤립의 수를 간단한 자연수의 비로 나타내면 4 : $\boxed{5}$ (이)야.

사탕 35개를 승우와 현아가 3 : 4로 나누어 가지면 승우는

$35 \times \dfrac{3}{7} = \boxed{15}$ (개) 가질 수 있고,

현아는 $35 \times \dfrac{4}{7} = \boxed{20}$ (개)

가질 수 있어.

연수는 가로와 세로의 비가 5 : 3인 직사각형 모양의 카드를 만들었어. 카드의 세로가 9 cm라면 가로는 $\boxed{15}$ cm야.

12일 문장제 연습하기

+ 비례식을 이용하여 두 수의 합(차) 구하기

84쪽 ~ 85쪽

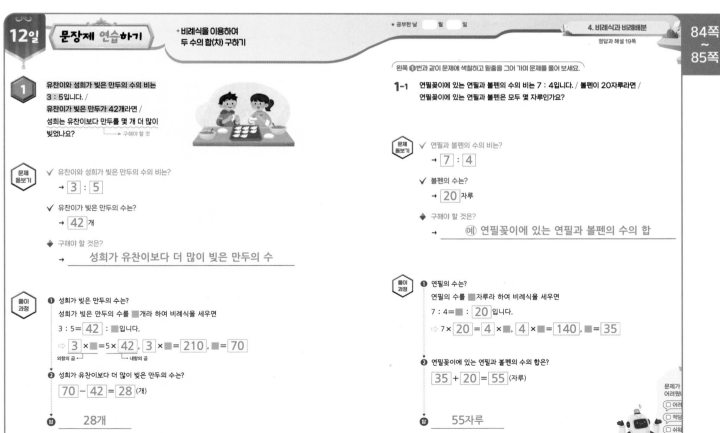

1 유찬이와 성희가 빚은 만두의 수의 비는 3 : 5입니다. / 유찬이가 빚은 만두가 42개라면 / 성희는 유찬이보다 만두를 몇 개 더 많이 빚었나요? → 구해야 할 것

문제 돌아보기

✓ 유찬이와 성희가 빚은 만두의 수의 비는?
→ $\boxed{3}$: $\boxed{5}$

✓ 유찬이가 빚은 만두의 수는?
→ $\boxed{42}$ 개

◆ 구해야 할 것은?
→ 성희가 유찬이보다 더 많이 빚은 만두의 수

풀이 과정

❶ 성희가 빚은 만두의 수는?
성희가 빚은 만두의 수를 ■개라 하여 비례식을 세우면
3 : 5 = $\boxed{42}$: ■입니다.
⇨ $\boxed{3}$ ×■=5× $\boxed{42}$, $\boxed{3}$ ×■= $\boxed{210}$, ■= $\boxed{70}$
외항의 곱   내항의 곱

❷ 성희가 유찬이보다 더 많이 빚은 만두의 수는?
$\boxed{70}$ − $\boxed{42}$ = $\boxed{28}$ (개)

답 ____28개____

왼쪽 ❶번과 같이 문제에 색칠하고 밑줄을 그어 가며 문제를 풀어 보세요.

1-1 연필꽂이에 있는 연필과 볼펜의 수의 비는 7 : 4입니다. / 볼펜이 20자루라면 / 연필꽂이에 있는 연필과 볼펜은 모두 몇 자루인가요?

문제 돌아보기

✓ 연필과 볼펜의 수의 비는?
→ $\boxed{7}$: $\boxed{4}$

✓ 볼펜의 수는?
→ $\boxed{20}$ 자루

◆ 구해야 할 것은?
→ (예) 연필꽂이에 있는 연필과 볼펜의 수의 합

풀이 과정

❶ 연필의 수는?
연필의 수를 ■자루라 하여 비례식을 세우면
7 : 4 = ■ : $\boxed{20}$ 입니다.
⇨ 7× $\boxed{20}$ = $\boxed{4}$ ×■, $\boxed{4}$ ×■= $\boxed{140}$, ■= $\boxed{35}$

❷ 연필꽂이에 있는 연필과 볼펜의 수의 합은?
$\boxed{35}$ + $\boxed{20}$ = $\boxed{55}$ (자루)

답 ____55자루____

문제가 어려웠나요?
☐ 어려
☐ 적당
☐ 쉬워

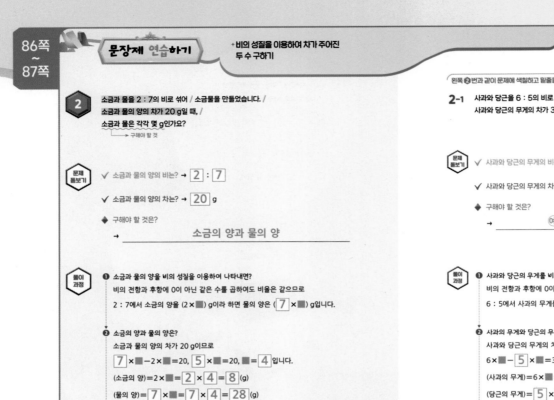

2 소금과 물을 2 : 7의 비로 섞어 / 소금물을 만들었습니다. /
소금과 물의 양의 차가 20 g일 때, /
소금과 물은 각각 몇 g인가요?
→ 구해야 할 것

문제 돋보기

✓ 소금과 물의 양의 비는? → 2 : 7

✓ 소금과 물의 양의 차는? → 20 g

◆ 구해야 할 것은?
→ _____소금의 양과 물의 양_____

풀이 과정

❶ 소금과 물의 양을 비의 성질을 이용하여 나타내면?
비의 전항과 후항에 0이 아닌 같은 수를 곱하여도 비율은 같으므로
2 : 7에서 소금의 양을 (2×■) g이라 하면 물의 양은 (7 ×■) g입니다.

❷ 소금의 양과 물의 양은?
소금과 물의 양의 차가 20 g이므로
7 ×■−2×■=20, 5 ×■=20, ■= 4 입니다.
(소금의 양)=2×■= 2 × 4 = 8 (g)
(물의 양)= 7 ×■= 7 × 4 = 28 (g)

답 소금 ___8 g___ , 물 ___28 g___

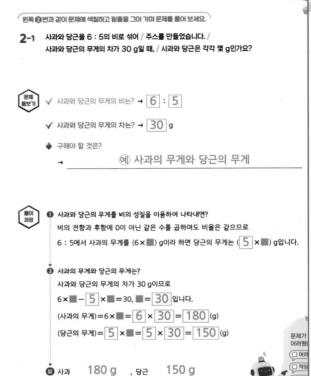

왼쪽 ❷번과 같이 문제에 색칠하고 밑줄을 그어 가며 문제를 풀어 보세요.

2-1 사과와 당근을 6 : 5의 비로 섞어 / 주스를 만들었습니다. /
사과와 당근의 무게의 차가 30 g일 때, / 사과와 당근은 각각 몇 g인가요?

문제 돋보기

✓ 사과와 당근의 무게의 비는? → 6 : 5

✓ 사과와 당근의 무게의 차는? → 30 g

◆ 구해야 할 것은?
→ (예) 사과의 무게와 당근의 무게

풀이 과정

❶ 사과와 당근의 무게를 비의 성질을 이용하여 나타내면?
비의 전항과 후항에 0이 아닌 같은 수를 곱하여도 비율은 같으므로
6 : 5에서 사과의 무게를 (6×■) g이라 하면 당근의 무게는 (5 ×■) g입니다.

❷ 사과의 무게와 당근의 무게는?
사과와 당근의 무게의 차가 30 g이므로
6×■− 5 ×■=30, ■= 30 입니다.
(사과의 무게)=6×■= 6 × 30 = 180 (g)
(당근의 무게)= 5 ×■= 5 × 30 = 150 (g)

답 사과 ___180 g___ , 당근 ___150 g___

88쪽 ~ 89쪽

문장제 실력 쌓기

+ 비례식을 이용하여 두 수의 합(차) 구하기
+ 비의 성질을 이용하여 차가 주어진 두 수 구하기

4. 비례식과 비례배분
정답과 해설 20쪽

문제를 읽고 '연습하기'에서 했던 것처럼 밑줄을 그어 가며 문제를 풀어 보세요.

1 꽃다발을 만드는 데 사용한 장미와 백합의 수의 비는 2 : 3입니다. 장미가 12송이라면 꽃다발을 만드는 데 사용한 장미와 백합은 모두 몇 송이인가요?

❶ 백합의 수는?
(예) 백합의 수를 ■송이라 하여 비례식을 세우면
2 : 3=12 : ■입니다.
⇨ 2×■=3×12, 2×■=36, ■=18

❷ 꽃다발을 만드는 데 사용한 장미와 백합의 수의 합은?
(예) 장미와 백합의 수의 합은 12+18=30(송이)입니다.

답 ___30송이___

2 잡곡밥을 짓는 데 사용한 쌀과 현미의 무게의 비는 9 : 4입니다. 현미가 160 g이라면 쌀은 현미보다 몇 g 더 많은가요?

❶ 쌀의 무게는?
(예) 쌀의 무게를 ■ g이라 하여 비례식을 세우면
9 : 4=■ : 160입니다.
⇨ 9×160=4×■, 4×■=1440, ■=360

❷ 쌀은 현미보다 몇 g 더 많은지 구하면?
(예) 쌀은 현미보다 360−160=200(g) 더 많습니다.

답 ___200 g___

3 빨간색 물감과 흰색 물감을 9 : 13의 비로 섞어 분홍색 물감을 만들었습니다. 빨간색 물감과 흰색 물감의 양의 차가 16 mL일 때, 빨간색 물감과 흰색 물감은 각각 몇 mL인가요?

❶ 빨간색 물감과 흰색 물감의 양을 비의 성질을 이용하여 나타내면?
(예) 비의 전항과 후항에 0이 아닌 같은 수를 곱하여도 비율은 같으므로
9 : 13에서 빨간색 물감의 양을 (9×■) mL라 하면 흰색 물감의 양은 (13×■) mL입니다.

❷ 빨간색 물감의 양과 흰색 물감의 양은?
(예) 빨간색 물감과 흰색 물감의 양의 차가 16 mL이므로
13×■−9×■=16, 4×■=16, ■=4입니다.
(빨간색 물감의 양)=9×4=36(mL)
(흰색 물감의 양)=13×4=52(mL)

답 빨간색 물감 ___36 mL___ , 흰색 물감 ___52 mL___

4 책꽂이에 꽂혀 있는 과학책과 위인전의 수의 비는 8 : 5입니다. 과학책이 위인전보다 18권 더 많을 때, 과학책과 위인전은 각각 몇 권인가요?

❶ 과학책과 위인전의 수를 비의 성질을 이용하여 나타내면?
(예) 비의 전항과 후항에 0이 아닌 같은 수를 곱하여도 비율은 같으므로
8 : 5에서 과학책의 수를 (8×■)권이라 하면 위인전의 수는 (5×■)권입니다.

❷ 과학책의 수와 위인전의 수는?
(예) 과학책이 위인전보다 18권 더 많으므로
8×■−5×■=18, 3×■=18, ■=6입니다.
(과학책의 수)=8×6=48(권)
(위인전의 수)=5×6=30(권)

답 과학책 ___48권___ , 위인전 ___30권___

1 딱지 140개를 진호와 혜수가 3 : 7로 / 나누어 가지려고 합니다. / 혜수는 진호보다 딱지를 몇 개 더 많이 가지게 되나요?
→ 구해야 할 것

문제 돋보기
✓ 전체 딱지의 수는?
→ 140 개

✓ 진호와 혜수가 나누어 가지는 딱지의 수의 비는?
→ 3 : 7

◆ 구해야 할 것은?
→ 혜수가 진호보다 더 많이 가지게 되는 딱지의 수

풀이 과정
❶ 진호와 혜수가 각각 가지게 되는 딱지의 수는?

진호: $140 \times \dfrac{3}{3+7} = 42$ (개)

혜수: $140 \times \dfrac{7}{3+7} = 98$ (개)

❷ 혜수가 진호보다 더 많이 가지게 되는 딱지의 수는?
$98 - 42 = 56$ (개)

답   56개

왼쪽 ❶번과 같이 문제에 색칠하고 밑줄을 그어 가며 문제를 풀어 보세요.

1-1 어느 날 낮과 밤의 시간의 비가 5 : 3이라면 / 낮은 밤보다 몇 시간 더 긴가요?

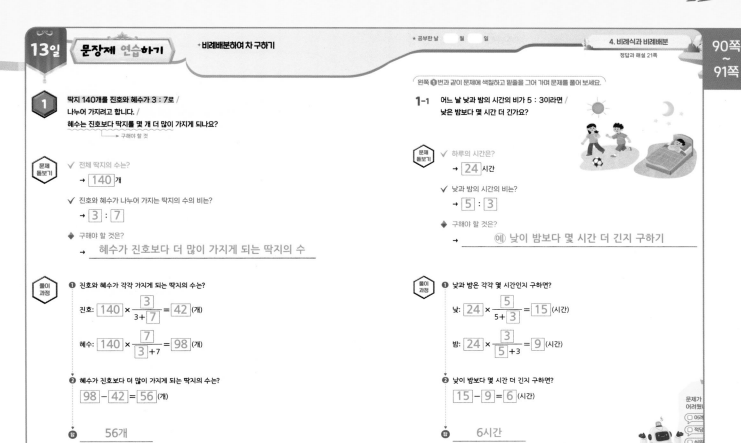

문제 돋보기
✓ 하루의 시간은?
→ 24 시간

✓ 낮과 밤의 시간의 비는?
→ 5 : 3

◆ 구해야 할 것은?
→ (예) 낮이 밤보다 몇 시간 더 긴지 구하기

풀이 과정
❶ 낮과 밤은 각각 몇 시간인지 구하면?

낮: $24 \times \dfrac{5}{5+3} = 15$ (시간)

밤: $24 \times \dfrac{3}{5+3} = 9$ (시간)

❷ 낮이 밤보다 몇 시간 더 긴지 구하면?
$15 - 9 = 6$ (시간)

답   6시간

문제가 어려웠나
○ 어려
○ 적당
○ 쉬워

---

2 맞물려 돌아가는 두 톱니바퀴 ㉮와 ㉯가 있습니다. / ㉮의 톱니는 12개이고, ㉯의 톱니는 18개입니다. / ㉮가 9바퀴 돌 때 / ㉯는 몇 바퀴 도는지 구해 보세요.
→ 구해야 할 것

문제 돋보기
✓ ㉮와 ㉯의 톱니 수는?
→ ㉮: 12 개, ㉯: 18 개

◆ 구해야 할 것은?
→ ㉮가 9바퀴 돌 때 ㉯의 회전수

풀이 과정
❶ ㉮와 ㉯의 회전수의 비는?
(㉮의 톱니 수)×(㉮의 회전수)=(㉯의 톱니 수)×(㉯의 회전수)이므로
12×(㉮의 회전수)=18×(㉯의 회전수)입니다.
(㉮의 회전수) : (㉯의 회전수)=18 : 12 이므로
간단한 자연수의 비로 나타내면 3 : 2 입니다.

❷ ㉮가 9바퀴 돌 때 ㉯의 회전수는?
㉮가 9바퀴 돌 때 ㉯의 회전수를 ■바퀴라 하여 비례식을 세우면
$3 : 2 = 9 : ■$입니다.
⇨ $3 \times ■ = 2 \times 9$, $3 \times ■ = 18$, $■ = 6$

답   6바퀴

왼쪽 ❷번과 같이 문제에 색칠하고 밑줄을 그어 가며 문제를 풀어 보세요.

2-1 맞물려 돌아가는 두 톱니바퀴 ㉮와 ㉯가 있습니다. / ㉮의 톱니는 14개이고, ㉯의 톱니는 8개입니다. / ㉯가 35바퀴 돌 때 / ㉮는 몇 바퀴 도는지 구해 보세요.

문제 돋보기
✓ ㉮와 ㉯의 톱니 수는?
→ ㉮: 14 개, ㉯: 8 개

◆ 구해야 할 것은?
→ (예) ㉯가 35바퀴 돌 때 ㉮의 회전수

풀이 과정
❶ ㉮와 ㉯의 회전수의 비는?
(㉮의 톱니 수)×(㉮의 회전수)=(㉯의 톱니 수)×(㉯의 회전수)이므로
14×(㉮의 회전수)=8×(㉯의 회전수)입니다.
(㉮의 회전수) : (㉯의 회전수)=8 : 14 이므로
간단한 자연수의 비로 나타내면 4 : 7 입니다.

❷ ㉯가 35바퀴 돌 때 ㉮의 회전수는?
㉯가 35바퀴 돌 때 ㉮의 회전수를 ■바퀴라 하여 비례식을 세우면
$4 : 7 = ■ : 35$입니다.
⇨ $4 \times 35 = 7 \times ■$, $7 \times ■ = 140$, $■ = 20$

답   20바퀴

문제가 어려웠나
○ 어려
○ 적당
○ 쉬워

문장제 실력 쌓기

+ 비례배분하여 차 구하기
+ 톱니바퀴의 회전수 구하기

문제를 읽고 '연습하기'에서 했던 것처럼 밑줄을 그어 가며 문제를 풀어 보세요.

1 보현이는 아버지의 생신 선물 가격 18000원을 동생과 나누어 내려고 합니다.
보현이는 동생보다 얼마를 더 내야 하나요?

나와 동생이 5 : 4로
나누어 내면 되겠다.

❶ 보현이와 동생이 각각 내야 하는 금액은?
예) 보현: $18000 \times \frac{5}{5+4} = 18000 \times \frac{5}{9} = 10000$(원)

동생: $18000 \times \frac{4}{5+4} = 18000 \times \frac{4}{9} = 8000$(원)

❷ 보현이가 동생보다 더 내야 하는 금액은?
예) 보현이는 동생보다 $10000 - 8000 = 2000$(원) 더 내야 합니다.

답 __2000원__

2 구슬 90개를 현우와 진서가 8 : 7로 나누어 가지려고 합니다. 누가 구슬을 몇 개 더 많이
가지게 되나요?

❶ 현우와 진서가 각각 가지게 되는 구슬의 수는?
예) 현우: $90 \times \frac{8}{8+7} = 90 \times \frac{8}{15} = 48$(개)

진서: $90 \times \frac{7}{8+7} = 90 \times \frac{7}{15} = 42$(개)

❷ 누가 구슬을 몇 개 더 많이 가지게 되는지 구하면?
예) $48 > 42$이므로 현우가 진서보다 구슬을 $48 - 42 = 6$(개) 더 많이
가지게 됩니다.

답 __현우__ , __6개__

3 맞물려 돌아가는 두 톱니바퀴 ㉮와 ㉯가 있습니다. ㉮의 톱니는 24개이고,
㉯의 톱니는 30개입니다. ㉮가 40바퀴 돌 때 ㉯는 몇 바퀴 도는지 구해 보세요.

❶ ㉮와 ㉯의 회전수의 비는?
예) (㉮의 톱니 수)×(㉮의 회전수)=(㉯의 톱니 수)×(㉯의 회전수)이므로
$24 \times$(㉮의 회전수)$= 30 \times$(㉯의 회전수)입니다.
(㉮의 회전수) : (㉯의 회전수)$= 30 : 24$이므로
간단한 자연수의 비로 나타내면 5 : 4입니다.

❷ ㉮가 40바퀴 돌 때 ㉯의 회전수는?
예) ㉮가 40바퀴 돌 때 ㉯의 회전수를 ■바퀴라 하여 비례식을 세우면
$5 : 4 = 40 : ■$입니다.
⇨ $5 \times ■ = 4 \times 40$, $5 \times ■ = 160$, $■ = 32$

답 __32바퀴__

4 맞물려 돌아가는 두 톱니바퀴 ㉮와 ㉯가 있습니다. ㉮의 톱니는 16개이고,
㉯의 톱니는 12개입니다. ㉯가 28바퀴 돌 때 ㉮는 몇 바퀴 도는지 구해 보세요.

❶ ㉮와 ㉯의 회전수의 비는?
예) (㉮의 톱니 수)×(㉮의 회전수)=(㉯의 톱니 수)×(㉯의 회전수)이므로
$16 \times$(㉮의 회전수)$= 12 \times$(㉯의 회전수)입니다.
(㉮의 회전수) : (㉯의 회전수)$= 12 : 16$이므로
간단한 자연수의 비로 나타내면 3 : 4입니다.

❷ ㉯가 28바퀴 돌 때 ㉮의 회전수는?
예) ㉯가 28바퀴 돌 때 ㉮의 회전수를 ■바퀴라 하여 비례식을 세우면
$3 : 4 = ■ : 28$입니다.
⇨ $3 \times 28 = 4 \times ■$, $4 \times ■ = 84$, $■ = 21$

답 __21바퀴__

14일 **단원 마무리**

★공부한 날 ◯월 ◯일

86쪽 비의 성질을 이용하여 차가 주어진 두 수 구하기

1 7 : 5와 비율이 같은 자연수의 비 중에서 전항과 후항의 차가 14인 비를
구해 보세요.

풀이) 예) 비의 전항과 후항에 0이 아닌 같은 수를 곱하여도 비율은 같으므로
7 : 5와 비율이 같은 자연수의 비는 $(7 \times ■) : (5 \times ■)$로 나타낼 수
있습니다.
전항과 후항의 차가 14이므로
$7 \times ■ - 5 \times ■ = 14$, $2 \times ■ = 14$, $■ = 7$입니다.
따라서 구하는 비는
$(7 \times 7) : (5 \times 7)$ ⇨ 49 : 35입니다.

답 __49 : 35__

84쪽 비례식을 이용하여 두 수의 합(차) 구하기

2 오늘 수목원에 방문한 남자와 여자의 수의 비는 8 : 11입니다. 수목원에 방문한
남자가 32명이라면 오늘 수목원에 방문한 사람은 모두 몇 명인가요?

풀이) 예) 수목원에 방문한 여자의 수를 ■명이라 하여 비례식을 세우면
$8 : 11 = 32 : ■$입니다.
⇨ $8 \times ■ = 11 \times 32$, $8 \times ■ = 352$, $■ = 44$
따라서 오늘 수목원에 방문한 사람은
모두 $32 + 44 = 76$(명)입니다.

답 __76명__

90쪽 비례배분하여 차 구하기

3 수호는 어제와 오늘 책을 88쪽 읽었습니다. 어제와 오늘 읽은 책의 쪽수의 비가
3 : 8이라면 오늘은 어제보다 몇 쪽 더 많이 읽었나요?

풀이) 예) 어제 읽은 쪽수: $88 \times \frac{3}{3+8} = 88 \times \frac{3}{11} = 24$(쪽)

오늘 읽은 쪽수: $88 \times \frac{8}{3+8} = 88 \times \frac{8}{11} = 64$(쪽)

따라서 오늘은 어제보다 $64 - 24 = 40$(쪽) 더 많이
읽었습니다.

답 __40쪽__

86쪽 비의 성질을 이용하여 차가 주어진 두 수 구하기

4 어느 공원에 은행나무와 벚나무를 6 : 11의 비로 심었습니다. 은행나무와 벚나무의
수의 차가 15그루일 때, 은행나무와 벚나무는 각각 몇 그루인가요?

풀이) 예) 비의 전항과 후항에 0이 아닌 같은 수를 곱하여도 비율은
같으므로 6 : 11에서 은행나무의 수를 $(6 \times ■)$그루라 하면 벚나무의 수는
$(11 \times ■)$그루입니다. 은행나무와 벚나무의 수의 차가 15그루이므로
$11 \times ■ - 6 \times ■ = 15$, $5 \times ■ = 15$, $■ = 3$입니다.
따라서 은행나무는 $6 \times 3 = 18$(그루), 벚나무는 $11 \times 3 = 33$(그루)입니다.

답 은행나무 __18그루__ , 벚나무 __33그루__

84쪽 비례식을 이용하여 두 수의 합(차) 구하기

5 팔찌를 한 개 만드는 데 파란색 구슬 4개와 노란색 구슬 13개가 필요합니다.
파란색 구슬 52개를 모두 사용하여 팔찌를 만들었다면 노란색 구슬은 파란색
구슬보다 몇 개 더 많이 사용했나요?

풀이) 예) 팔찌를 한 개 만드는 데 필요한 파란색 구슬과 노란색 구슬의
수의 비는 4 : 13입니다.
팔찌를 만드는 데 사용한 노란색 구슬의 수를 ■개라 하여
비례식을 세우면 $4 : 13 = 52 : ■$입니다.
⇨ $4 \times ■ = 13 \times 52$, $4 \times ■ = 676$, $■ = 169$
따라서 노란색 구슬은 파란색 구슬보다
$169 - 52 = 117$(개) 더 많이 사용했습니다.

답 __117개__

84쪽 비례식을 이용하여 두 수의 합(차) 구하기

6 직사각형의 가로와 세로의 길이의 비는 5 : 6입니다. 직사각형의 세로가 18 cm일 때
직사각형의 둘레는 몇 cm인가요?

풀이) 예) 직사각형의 가로를 ■ cm라 하여 비례식을 세우면
$5 : 6 = ■ : 18$입니다.
⇨ $5 \times 18 = 6 \times ■$, $6 \times ■ = 90$, $■ = 15$
따라서 직사각형의 둘레는 $(15 + 18) \times 2 = 66$(cm)입니다.

답 __66 cm__

7 (92쪽) 톱니바퀴의 회전수 구하기

맞물려 돌아가는 두 톱니바퀴 ㉮와 ㉯가 있습니다. ㉮의 톱니는 18개이고, ㉯의 톱니는 14개입니다. ㉮가 56바퀴 돌 때 ㉯는 몇 바퀴 도는지 구해 보세요.

(풀이) (예) (㉮의 톱니 수)×(㉮의 회전수)＝(㉯의 톱니 수)×(㉯의 회전수)
이므로 18×(㉮의 회전수)＝14×(㉯의 회전수)입니다.
(㉮의 회전수) : (㉯의 회전수)＝14 : 18이므로
간단한 자연수의 비로 나타내면 7 : 9입니다.
㉮가 56바퀴 돌 때 ㉯의 회전수를 ■바퀴라 하여 비례식을 세우면
7 : 9＝56 : ■입니다.
⇨ 7×■＝9×56, 7×■＝504, ■＝72

(답)   **72바퀴**

8 (92쪽) 톱니바퀴의 회전수 구하기

맞물려 돌아가는 두 톱니바퀴 ㉮와 ㉯가 있습니다. ㉮의 톱니는 12개이고, ㉯의 톱니는 21개입니다. ㉯가 28바퀴 돌 때 ㉮는 ㉯보다 몇 바퀴를 더 많이 도는지 구해 보세요.

(풀이) (예) (㉮의 톱니 수)×(㉮의 회전수)＝(㉯의 톱니 수)×(㉯의 회전수)
이므로 12×(㉮의 회전수)＝21×(㉯의 회전수)입니다.
(㉮의 회전수) : (㉯의 회전수)＝21 : 12이므로
간단한 자연수의 비로 나타내면 7 : 4입니다.
㉯가 28바퀴 돌 때 ㉮의 회전수를 ■바퀴라 하여 비례식을 세우면 7 : 4＝■ : 28입니다.
⇨ 7×28＝4×■, 4×■＝196, ■＝49
따라서 ㉮는 ㉯보다 49－28＝21(바퀴) 더 많이 돕니다.

(답)   **21바퀴**

9 (86쪽) 비의 성질을 이용하여 차가 주어진 두 수 구하기

연우가 가지고 있는 바둑돌의 40 %는 흰색 바둑돌입니다. 검은색 바둑돌이 흰색 바둑돌보다 12개 더 많다면 검은색 바둑돌과 흰색 바둑돌은 각각 몇 개인가요?

(풀이) (예) 가지고 있는 바둑돌의 40 %가 흰색 바둑돌이므로 60 %는 검은색 바둑돌입니다.
흰색 바둑돌과 검은색 바둑돌의 수의 비는 0.4 : 0.6이므로 간단한 자연수의 비로 나타내면 2 : 3입니다.
비의 전항과 후항에 0이 아닌 같은 수를 곱하여도 비율은 같으므로
2 : 3에서 흰색 바둑돌의 수를 (2×■)개라 하면 검은색 바둑돌의 수는 (3×■)개 입니다.
검은색 바둑돌이 흰색 바둑돌보다 12개 더 많으므로 3×■－2×■＝12, ■＝12 에서 검은색 바둑돌은 3×12＝36(개), 흰색 바둑돌은 2×12＝24(개)입니다.

(답) 검은색 바둑돌   **36개** , 흰색 바둑돌   **24개**

10 (도전 문제) (90쪽) 비례배분하여 차 구하기

길이가 182 cm인 철사를 2 : 5로 잘라 짧은 쪽을 사용하고, 나머지는 은재와 형주가 4 : 9로 나누어 가지려고 합니다. 형주는 은재보다 철사를 몇 cm 더 많이 가지게 되나요?

❶ 사용하고 남은 철사의 길이는?
(예) 사용하고 남은 철사는 $182 \times \frac{5}{2+5}＝182 \times \frac{5}{7}＝130$(cm)입니다.

❷ 은재와 형주가 각각 가지게 되는 철사의 길이는?
(예) 은재: $130 \times \frac{4}{4+9}＝130 \times \frac{4}{13}＝40$(cm)
형주: $130 \times \frac{9}{4+9}＝130 \times \frac{9}{13}＝90$(cm)

❸ 형주가 은재보다 더 많이 가지게 되는 철사의 길이는?
(예) 형주는 은재보다 철사를 90－40＝50(cm) 더 많이 가지게 됩니다.

(답)   **50 cm**

5. 원의 둘레와 넓이

문장제 준비하기

함께 풀어 봐요!

보석을 찾으며 빈칸에 알맞은 수나 기호를 써 보세요.

원주율이 3.1일 때 지름이 30 cm인 원 모양의 시계의 원주는
30 ⊗ 3.1 = 93 (cm)야.

소담이가 컴퍼스를 5 cm만큼 벌려 원을 그렸어. 원주율이 3.14일 때 소담이가 그린 원의 넓이는
5 × 5 × 3.14 = 78.5 (cm²)야.

4 cm
8 cm
(원주율: 3)

색칠한 부분의 넓이는 큰 원의 넓이에서 작은 원의 넓이를 빼면 되니까
8 × 8 × 3 − 4 × 4 × 3 = 144 (cm²)야.

15일 문장제 연습하기

◆ 원을 굴린 바퀴 수 구하기

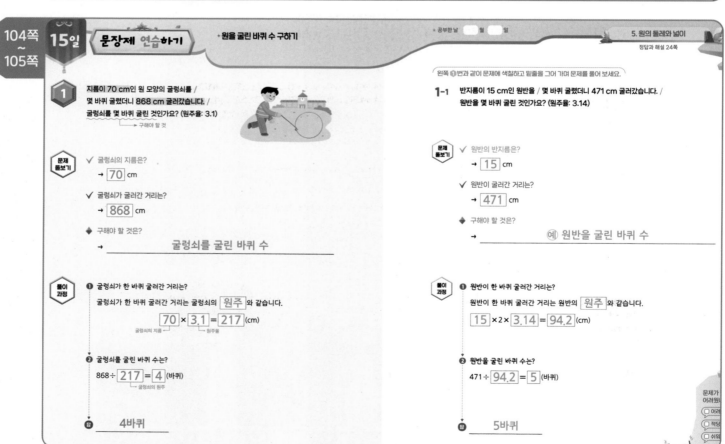

1 지름이 70 cm인 원 모양의 굴렁쇠를 / 몇 바퀴 굴렸더니 868 cm 굴러갔습니다. / 굴렁쇠를 몇 바퀴 굴린 것인가요? (원주율: 3.1)

문제 돋보기

✓ 굴렁쇠의 지름은?
→ 70 cm

✓ 굴렁쇠가 굴러간 거리는?
→ 868 cm

◆ 구해야 할 것은?
→ ___굴렁쇠를 굴린 바퀴 수___

풀이 과정

❶ 굴렁쇠가 한 바퀴 굴러간 거리는?
굴렁쇠가 한 바퀴 굴러간 거리는 굴렁쇠의 원주 와 같습니다.
70 × 3.1 = 217 (cm)
굴렁쇠의 지름 ← → 원주율

❷ 굴렁쇠를 굴린 바퀴 수는?
868 ÷ 217 = 4 (바퀴)
→ 굴렁쇠의 원주

답 ___4바퀴___

왼쪽 ①번과 같이 문제에 색칠하고 밑줄을 그어 가며 문제를 풀어 보세요.

1-1 반지름이 15 cm인 원반을 / 몇 바퀴 굴렸더니 471 cm 굴러갔습니다. / 원반을 몇 바퀴 굴린 것인가요? (원주율: 3.14)

문제 돋보기

✓ 원반의 반지름은?
→ 15 cm

✓ 원반이 굴러간 거리는?
→ 471 cm

◆ 구해야 할 것은?
→ ___㉮ 원반을 굴린 바퀴 수___

풀이 과정

❶ 원반이 한 바퀴 굴러간 거리는?
원반이 한 바퀴 굴러간 거리는 원반의 원주 와 같습니다.
15 × 2 × 3.14 = 94.2 (cm)

❷ 원반을 굴린 바퀴 수는?
471 ÷ 94.2 = 5 (바퀴)

답 ___5바퀴___

문장제 연습하기

+ 원의 넓이(원주)를 이용하여 원주(원의 넓이) 구하기

정답과 해설 25쪽

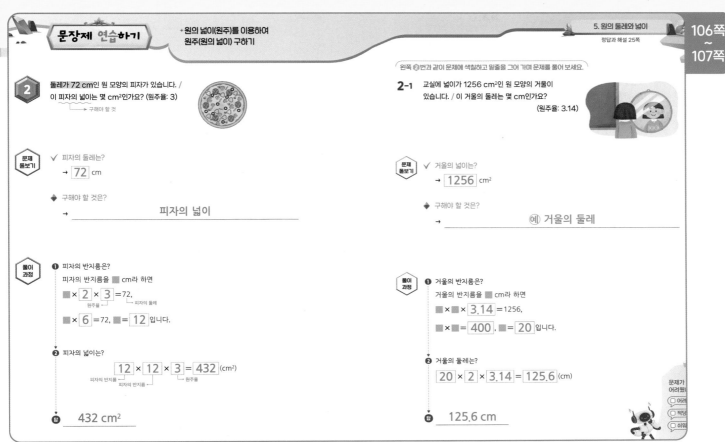

2 둘레가 72 cm인 원 모양의 피자가 있습니다. / 이 피자의 넓이는 몇 cm²인가요? (원주율: 3)
└→ 구해야 할 것

문제 돋보기

✓ 피자의 둘레는?
→ 72 cm

◆ 구해야 할 것은?
→ 피자의 넓이

풀이 과정

❶ 피자의 반지름은?
피자의 반지름을 ■ cm라 하면
■ × 2 × 3 =72,
   원주율   └피자의 둘레
■ × 6 =72, ■= 12 입니다.

❷ 피자의 넓이는?
12 × 12 × 3 = 432 (cm²)
피자의 반지름┘ ┘ └ 원주율
피자의 반지름

답 432 cm²

왼쪽 ❷번과 같이 문제에 색칠하고 밑줄을 그어 가며 문제를 풀어 보세요.

2-1 교실에 넓이가 1256 cm²인 원 모양의 거울이 있습니다. / 이 거울의 둘레는 몇 cm인가요?
(원주율: 3.14)

문제 돋보기

✓ 거울의 넓이는?
→ 1256 cm²

◆ 구해야 할 것은?
→ 예 거울의 둘레

풀이 과정

❶ 거울의 반지름은?
거울의 반지름을 ■ cm라 하면
■ × ■ × 3.14 =1256,
■ × ■= 400, ■= 20 입니다.

❷ 거울의 둘레는?
20 × 2 × 3.14 = 125.6 (cm)

답 125.6 cm

문제가 어려웠나?
○ 어려
○ 적당
○ 쉬워

문장제 실력 쌓기

+ 원을 굴린 바퀴 수 구하기
+ 원의 넓이(원주)를 이용하여 원주(원의 넓이) 구하기

정답과 해설 25쪽

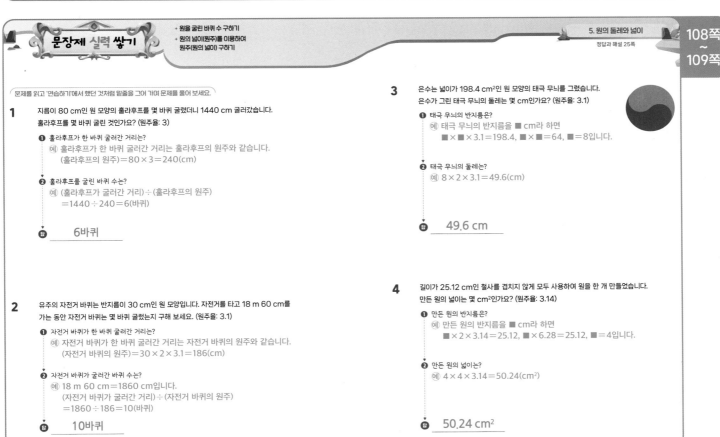

문제를 읽고 '연습하기'에서 했던 것처럼 밑줄을 그어 가며 문제를 풀어 보세요.

1 지름이 80 cm인 원 모양의 훌라후프를 몇 바퀴 굴렸더니 1440 cm 굴러갔습니다. 훌라후프를 몇 바퀴 굴린 것인가요? (원주율: 3)

❶ 훌라후프가 한 바퀴 굴러간 거리는?
예 훌라후프가 한 바퀴 굴러간 거리는 훌라후프의 원주와 같습니다.
(훌라후프의 원주)=80×3=240(cm)

❷ 훌라후프를 굴린 바퀴 수는?
예 (훌라후프가 굴러간 거리)÷(훌라후프의 원주)
=1440÷240=6(바퀴)

답 6바퀴

2 유주의 자전거 바퀴는 반지름이 30 cm인 원 모양입니다. 자전거를 타고 18 m 60 cm를 가는 동안 자전거 바퀴는 몇 바퀴 굴렀는지 구해 보세요. (원주율: 3.1)

❶ 자전거 바퀴가 한 바퀴 굴러간 거리는?
예 자전거 바퀴가 한 바퀴 굴러간 거리는 자전거 바퀴의 원주와 같습니다.
(자전거 바퀴의 원주)=30×2×3.1=186(cm)

❷ 자전거 바퀴가 굴러간 바퀴 수는?
예 18 m 60 cm=1860 cm입니다.
(자전거 바퀴가 굴러간 거리)÷(자전거 바퀴의 원주)
=1860÷186=10(바퀴)

답 10바퀴

3 은수는 넓이가 198.4 cm²인 원 모양의 태극 무늬를 그렸습니다. 은수가 그린 태극 무늬의 둘레는 몇 cm인가요? (원주율: 3.1)

❶ 태극 무늬의 반지름은?
예 태극 무늬의 반지름을 ■ cm라 하면
■ × ■ × 3.1=198.4, ■ × ■=64, ■=8입니다.

❷ 태극 무늬의 둘레는?
예 8 × 2 × 3.1=49.6(cm)

답 49.6 cm

4 길이가 25.12 cm인 철사를 겹치지 않게 모두 사용하여 원을 한 개 만들었습니다. 만든 원의 넓이는 몇 cm²인가요? (원주율: 3.14)

❶ 만든 원의 반지름은?
예 만든 원의 반지름을 ■ cm라 하면
■ × 2 × 3.14=25.12, ■ × 6.28=25.12, ■=4입니다.

❷ 만든 원의 넓이는?
예 4 × 4 × 3.14=50.24(cm²)

답 50.24 cm²

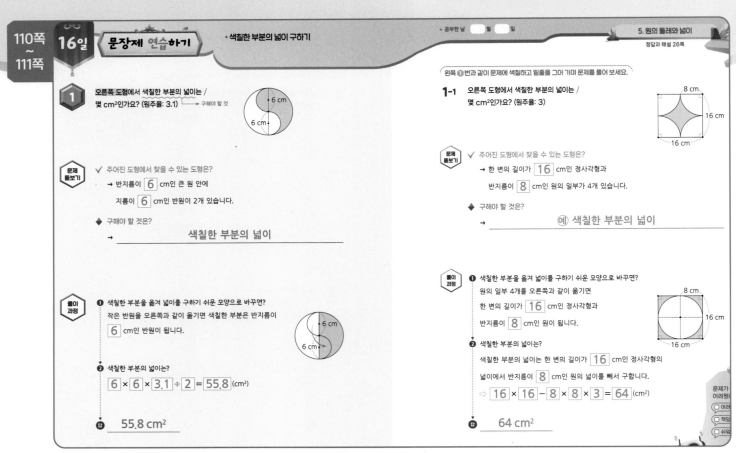

1 오른쪽 도형에서 색칠한 부분의 넓이는 / 몇 cm²인가요? (원주율: 3.1) → 구해야 할 것

6 cm
6 cm

문제 돋보기

✓ 주어진 도형에서 찾을 수 있는 도형은?

→ 반지름이 6 cm인 큰 원 안에

지름이 6 cm인 반원이 2개 있습니다.

◆ 구해야 할 것은?

→ 색칠한 부분의 넓이

풀이 과정

❶ 색칠한 부분을 옮겨 넓이를 구하기 쉬운 모양으로 바꾸면?

작은 반원을 오른쪽과 같이 옮기면 색칠한 부분은 반지름이 6 cm인 반원이 됩니다.

6 cm
6 cm

❷ 색칠한 부분의 넓이는?

$6 × 6 × 3.1 ÷ 2 = 55.8$ (cm²)

답　55.8 cm²

왼쪽 ❶번과 같이 문제에 색칠하고 밑줄을 그어 가며 문제를 풀어 보세요.

1-1 오른쪽 도형에서 색칠한 부분의 넓이는 / 몇 cm²인가요? (원주율: 3)

8 cm
16 cm
16 cm

문제 돋보기

✓ 주어진 도형에서 찾을 수 있는 도형은?

→ 한 변의 길이가 16 cm인 정사각형과

반지름이 8 cm인 원의 일부가 4개 있습니다.

◆ 구해야 할 것은?

→ ⒜ 색칠한 부분의 넓이

풀이 과정

❶ 색칠한 부분을 옮겨 넓이를 구하기 쉬운 모양으로 바꾸면?

원의 일부 4개를 오른쪽과 같이 옮기면

한 변의 길이가 16 cm인 정사각형과

반지름이 8 cm인 원이 됩니다.

8 cm
16 cm
16 cm

❷ 색칠한 부분의 넓이는?

색칠한 부분의 넓이는 한 변의 길이가 16 cm인 정사각형의

넓이에서 반지름이 8 cm인 원의 넓이를 빼서 구합니다.

$⇒ 16 × 16 - 8 × 8 × 3 = 64$ (cm²)

답　64 cm²

문제가 어려웠나
◯ 어려
◯ 적당
◯ 쉬워

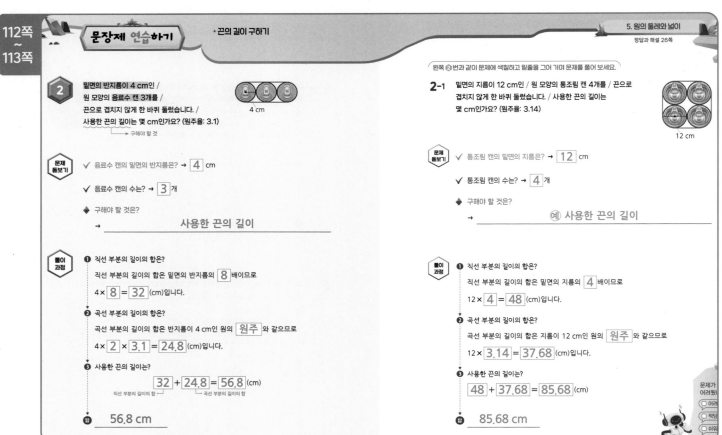

2 밑면의 반지름이 4 cm인 / 원 모양의 음료수 캔 3개를 / 끈으로 겹치지 않게 한 바퀴 둘렀습니다. / 사용한 끈의 길이는 몇 cm인가요? (원주율: 3.1) → 구해야 할 것

4 cm

문제 돋보기

✓ 음료수 캔의 밑면의 반지름은? → 4 cm

✓ 음료수 캔의 수는? → 3 개

◆ 구해야 할 것은?

→ 사용한 끈의 길이

풀이 과정

❶ 직선 부분의 길이의 합은?

직선 부분의 길이의 합은 밑면의 반지름의 8 배이므로

$4 × 8 = 32$ (cm)입니다.

❷ 곡선 부분의 길이의 합은?

곡선 부분의 길이의 합은 반지름이 4 cm인 원의 원주 와 같으므로

$4 × 2 × 3.1 = 24.8$ (cm)입니다.

❸ 사용한 끈의 길이는?

$32 + 24.8 = 56.8$ (cm)
직선 부분의 길이의 합 →　→ 곡선 부분의 길이의 합

답　56.8 cm

왼쪽 ❷번과 같이 문제에 색칠하고 밑줄을 그어 가며 문제를 풀어 보세요.

2-1 밑면의 지름이 12 cm인 / 원 모양의 통조림 캔 4개를 / 끈으로 겹치지 않게 한 바퀴 둘렀습니다. / 사용한 끈의 길이는 몇 cm인가요? (원주율: 3.14)

12 cm

문제 돋보기

✓ 통조림 캔의 밑면의 지름은? → 12 cm

✓ 통조림 캔의 수는? → 4 개

◆ 구해야 할 것은?

→ ⒜ 사용한 끈의 길이

풀이 과정

❶ 직선 부분의 길이의 합은?

직선 부분의 길이의 합은 밑면의 지름의 4 배이므로

$12 × 4 = 48$ (cm)입니다.

❷ 곡선 부분의 길이의 합은?

곡선 부분의 길이의 합은 지름이 12 cm인 원의 원주 와 같으므로

$12 × 3.14 = 37.68$ (cm)입니다.

❸ 사용한 끈의 길이는?

$48 + 37.68 = 85.68$ (cm)

답　85.68 cm

문제가 어려웠나
◯ 어려
◯ 적당
◯ 쉬워

문장제 실력 쌓기
• 색칠한 부분의 넓이 구하기
• 끈의 길이 구하기

5. 원의 둘레와 넓이
정답과 해설 27쪽

114쪽
~
115쪽

문제를 읽고 '연습하기'에서 했던 것처럼 밑줄을 그어 가며 문제를 풀어 보세요.

1 오른쪽 도형에서 색칠한 부분의 넓이는 몇 cm²인가요?
(원주율: 3.14)

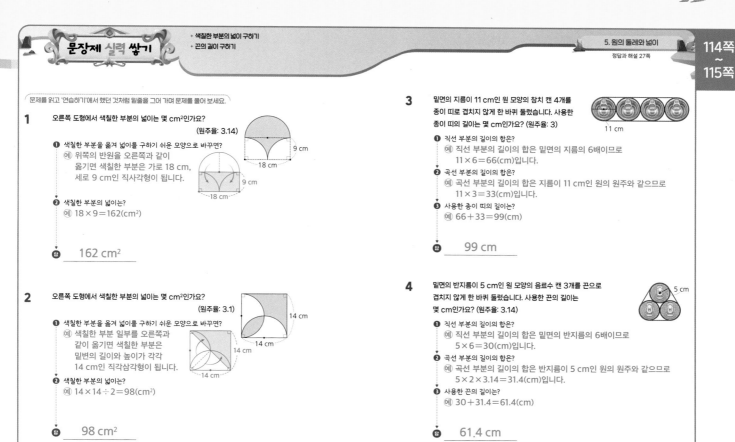

❶ 색칠한 부분을 옮겨 넓이를 구하기 쉬운 모양으로 바꾸면?
(예) 위쪽의 반원을 오른쪽과 같이 옮기면 색칠한 부분은 가로 18 cm, 세로 9 cm인 직사각형이 됩니다.

❷ 색칠한 부분의 넓이는?
(예) $18 \times 9 = 162(cm^2)$

답 162 cm²

2 오른쪽 도형에서 색칠한 부분의 넓이는 몇 cm²인가요?
(원주율: 3.1)

❶ 색칠한 부분을 옮겨 넓이를 구하기 쉬운 모양으로 바꾸면?
(예) 색칠한 부분 일부를 오른쪽과 같이 옮기면 색칠한 부분은 밑변의 길이와 높이가 각각 14 cm인 직각삼각형이 됩니다.

❷ 색칠한 부분의 넓이는?
(예) $14 \times 14 \div 2 = 98(cm^2)$

답 98 cm²

3 밑면의 지름이 11 cm인 원 모양의 참치 캔 4개를 종이 띠로 겹치지 않게 한 바퀴 돌렸습니다. 사용한 종이 띠의 길이는 몇 cm인가요? (원주율: 3)

❶ 직선 부분의 길이의 합은?
(예) 직선 부분의 길이의 합은 밑면의 지름의 6배이므로 $11 \times 6 = 66(cm)$입니다.

❷ 곡선 부분의 길이의 합은?
(예) 곡선 부분의 길이의 합은 지름이 11 cm인 원의 원주와 같으므로 $11 \times 3 = 33(cm)$입니다.

❸ 사용한 종이 띠의 길이는?
(예) $66 + 33 = 99(cm)$

답 99 cm

4 밑면의 반지름이 5 cm인 원 모양의 음료수 캔 3개를 끈으로 겹치지 않게 한 바퀴 돌렸습니다. 사용한 끈의 길이는 몇 cm인가요? (원주율: 3.14)

❶ 직선 부분의 길이의 합은?
(예) 직선 부분의 길이의 합은 밑면의 반지름의 6배이므로 $5 \times 6 = 30(cm)$입니다.

❷ 곡선 부분의 길이의 합은?
(예) 곡선 부분의 길이의 합은 반지름이 5 cm인 원의 원주와 같으므로 $5 \times 2 \times 3.14 = 31.4(cm)$입니다.

❸ 사용한 끈의 길이는?
(예) $30 + 31.4 = 61.4(cm)$

답 61.4 cm

17일 단원 마무리
✱ 공부한 날   월   일

5. 원의 둘레와 넓이
정답과 해설 27쪽

116쪽
~
117쪽

1 104쪽 원을 굴린 바퀴 수 구하기
지름이 20 cm인 원 모양의 바퀴 자를 몇 바퀴 굴렸더니 124 cm 굴러갔습니다. 바퀴 자를 몇 바퀴 굴린 것인가요? (원주율: 3.1)

(풀이) (예) 바퀴 자가 한 바퀴 굴러간 거리는 바퀴 자의 원주와 같습니다.
(바퀴 자의 원주)$= 20 \times 3.1 = 62(cm)$
(바퀴 자를 굴린 바퀴 수)$= 124 \div 62 = 2(바퀴)$

답 2바퀴

2 110쪽 색칠한 부분의 넓이 구하기
윤재는 오른쪽과 같이 무지개를 그렸습니다. 무지개의 넓이는 몇 cm²인가요? (원주율: 3.14)

(풀이) (예) 무지개 위쪽의 반원을 오른쪽과 같이 옮기면 색칠한 부분은 가로 22 cm, 세로 11 cm인 직사각형이 됩니다.
(무지개의 넓이)
$= 22 \times 11 = 242(cm^2)$

답 242 cm²

3 106쪽 원의 넓이(원주)를 이용하여 원주(원의 넓이) 구하기
둘레가 43.4 cm인 원 모양의 접시가 있습니다. 이 접시의 넓이는 몇 cm²인가요?
(원주율: 3.1)

(풀이) (예) 접시의 반지름을 ■ cm라 하면
$■ \times 2 \times 3.1 = 43.4$, $■ \times 6.2 = 43.4$, $■ = 7$입니다.
(접시의 넓이)$= 7 \times 7 \times 3.1 = 151.9(cm^2)$

답 151.9 cm²

4 106쪽 원의 넓이(원주)를 이용하여 원주(원의 넓이) 구하기
채호는 넓이가 254.34 cm²인 원을 그렸습니다. 채호가 그린 원의 둘레는 몇 cm인가요? (원주율: 3.14)

(풀이) (예) 원의 반지름을 ■ cm라 하면
$■ \times ■ \times 3.14 = 254.34$, $■ \times ■ = 81$, $■ = 9$입니다.
(채호가 그린 원의 둘레)$= 9 \times 2 \times 3.14 = 56.52(cm)$

답 56.52 cm

5 110쪽 색칠한 부분의 넓이 구하기
오른쪽 도형에서 색칠한 부분의 넓이는 몇 cm²인가요? (원주율: 3.14)

(풀이) (예) 반원을 오른쪽과 같이 옮기면 한 변의 길이가 20 cm인 정사각형과 반지름이 5 cm인 원 2개가 됩니다.
색칠한 부분의 넓이는 한 변의 길이가 20 cm인 정사각형의 넓이에서 반지름이 5 cm인 원 2개의 넓이를 빼서 구합니다.
(색칠한 부분의 넓이)$= 20 \times 20 - (5 \times 5 \times 3.14) \times 2$
$= 400 - 157 = 243(cm^2)$

답 243 cm²

6 112쪽 끈의 길이 구하기
밑면의 지름이 13 cm인 원 모양의 두루마리 휴지 2롤을 끈으로 겹치지 않게 한 바퀴 돌렸습니다. 사용한 끈의 길이는 몇 cm인가요? (원주율: 3)

(풀이) (예) 직선 부분의 길이의 합은 밑면의 지름의 2배이므로
$13 \times 2 = 26(cm)$입니다.
곡선 부분의 길이의 합은 지름이 13 cm인 원의 원주와 같으므로
$13 \times 3 = 39(cm)$입니다.
(사용한 끈의 길이)
$= 26 + 39 = 65(cm)$

답 65 cm

27

118쪽
~
119쪽

단원 마무리

*맞은 개수 ☐ /10개 *걸린 시간 ☐ /40분

5. 원의 둘레와 넓이
정답과 해설 28쪽

7 110쪽 색칠한 부분의 넓이 구하기

오른쪽 도형에서 색칠한 부분의 넓이는 몇 cm²인가요?
(원주율: 3.1)

풀이 예) 반원 2개를 오른쪽과 같이
옮기면 반지름이 각각
12 cm, 8 cm, 4 cm인
원 3개가 됩니다.
색칠한 부분의 넓이는 반지름이 12 cm인 원의 넓이에서 반지름이
8 cm인 원의 넓이를 빼고, 반지름이 4 cm인 원의 넓이를 더해서
구합니다.
(색칠한 부분의 넓이)
$=12 \times 12 \times 3.1 - 8 \times 8 \times 3.1 + 4 \times 4 \times 3.1$
$=446.4 - 198.4 + 49.6 = 297.6 (cm^2)$

답 __297.6 cm²__

8 112쪽 끈의 길이 구하기

태규는 100 cm 길이의 끈으로 밑면의 반지름이 7 cm인
원 모양의 음료수 캔 3개를 겹치지 않게 한 바퀴 둘렀습니다.
사용하고 남은 끈의 길이는 몇 cm인가요? (원주율: 3.14)

7 cm

풀이 예) 직선 부분의 길이의 합은 밑면의 반지름의 6배이므로
$7 \times 6 = 42 (cm)$입니다.
곡선 부분의 길이의 합은 반지름이 7 cm인 원의 원주와 같으므로
$7 \times 2 \times 3.14 = 43.96 (cm)$입니다.
(사용한 끈의 길이)$=42 + 43.96 = 85.96 (cm)$
(사용하고 남은 끈의 길이)$=100 - 85.96 = 14.04 (cm)$

답 __14.04 cm__

9 104쪽 원을 굴린 바퀴 수 구하기

찬희와 성후가 굴린 훌라후프의 지름과 굴러간 거리가 다음과 같습니다. 찬희와 성후
중 누가 훌라후프를 몇 바퀴 더 많이 굴렸는지 구해 보세요. (원주율: 3.1)

	훌라후프의 지름	굴러간 거리
찬희	60 cm	1674 cm
성후	65 cm	1612 cm

풀이 예) (찬희의 훌라후프의 원주)$=60 \times 3.1 = 186 (cm)$
(찬희가 훌라후프를 굴린 바퀴 수)$=1674 \div 186 = 9 (바퀴)$
(성후의 훌라후프의 원주)$=65 \times 3.1 = 201.5 (cm)$
(성후가 훌라후프를 굴린 바퀴 수)$=1612 \div 201.5 = 8 (바퀴)$
따라서 $9 > 8$이므로 찬희가 성후보다 훌라후프를
$9 - 8 = 1 (바퀴)$ 더 많이 굴렸습니다.

답 __찬희__ , __1바퀴__

10 도전 문제
104쪽 원을 굴린 바퀴 수 구하기
106쪽 원의 넓이(원주)를 이용하여 원주(원의 넓이) 구하기

넓이가 768 cm²인 원판을 몇 바퀴 굴렸더니 288 cm 굴러갔습니다. 원판을 몇
바퀴 굴린 것인가요? (원주율: 3)

❶ 원판의 반지름은?
예) 원판의 반지름을 ■ cm라 하면
$■ \times ■ \times 3 = 768$, $■ \times ■ = 256$, $■ = 16$입니다.

❷ 원판이 한 바퀴 굴러간 거리는?
예) 원판이 한 바퀴 굴러간 거리는 원판의 원주와 같습니다.
(원판의 원주)$=16 \times 2 \times 3 = 96 (cm)$

❸ 원판을 굴린 바퀴 수는?
예) (원판이 굴러간 거리)$\div$(원판의 원주)
$=288 \div 96 = 3 (바퀴)$

답 __3바퀴__

6. 원기둥, 원뿔, 구

문장제 준비하기

함께 풀어 보요!
보석을 찾으며 알맞은 말에 ○표 하고, 빈칸에 알맞은 수나 말을
써 보세요.

한 변을 기준으로 직사각형을 한 바퀴
돌리면 (원기둥 , 원뿔 , 구)이/가 돼.

원기둥의 전개도에서 옆면의 가로는 밑면의
둘레와 같아. 원주율이 3일 때 옆면의 가로는
$4 \times 2 \times 3 = 24$ (cm)야.

왼쪽 원뿔을 위에서 본
모양은 원 이고, 앞에서 본
모양은 삼각형 이야.

18일 **문장제 연습하기** + 위나 앞에서 본 모양의 넓이 구하기

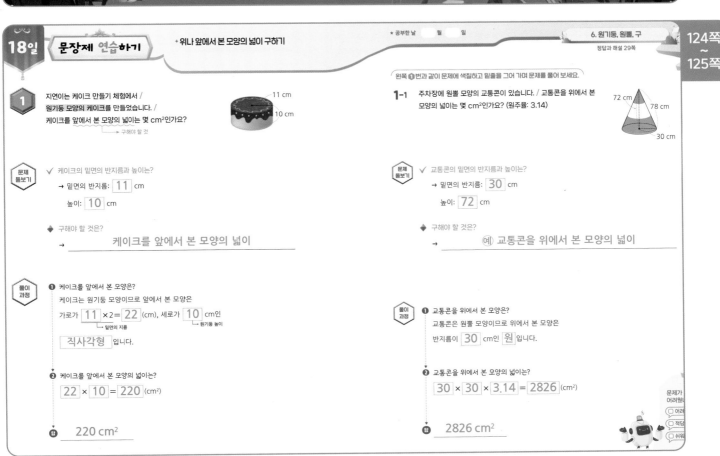

1 지연이는 케이크 만들기 체험에서 /
원기둥 모양의 케이크를 만들었습니다. /
케이크를 앞에서 본 모양의 넓이는 몇 cm²인가요?
└→ 구해야 할 것

11 cm
10 cm

문제 돋보기 ✓ 케이크의 밑면의 반지름과 높이는?
→ 밑면의 반지름: 11 cm
높이: 10 cm

◆ 구해야 할 것은?
→ 케이크를 앞에서 본 모양의 넓이

풀이 과정 ❶ 케이크를 앞에서 본 모양은?
케이크는 원기둥 모양이므로 앞에서 본 모양은
가로가 11 ×2= 22 (cm), 세로가 10 cm인
└→ 밑면의 지름   └→ 원기둥 높이
직사각형 입니다.

❷ 케이크를 앞에서 본 모양의 넓이는?
22 × 10 = 220 (cm²)

답 220 cm²

왼쪽 ❶번과 같이 문제에 색칠하고 밑줄을 그어 가며 문제를 풀어 보세요.

1-1 주차장에 원뿔 모양의 교통콘이 있습니다. / 교통콘을 위에서 본
모양의 넓이는 몇 cm²인가요? (원주율: 3.14)

72 cm
78 cm
30 cm

문제 돋보기 ✓ 교통콘의 밑면의 반지름과 높이는?
→ 밑면의 반지름: 30 cm
높이: 72 cm

◆ 구해야 할 것은?
→ 예 교통콘을 위에서 본 모양의 넓이

풀이 과정 ❶ 교통콘을 위에서 본 모양은?
교통콘은 원뿔 모양이므로 위에서 본 모양은
반지름이 30 cm인 원 입니다.

❷ 교통콘을 위에서 본 모양의 넓이는?
30 × 30 × 3.14 = 2826 (cm²)

답 2826 cm²

문제가
어려웠나...
○ 어려
○ 적당
○ 쉬웠

29

문장제 연습하기

+ 앞에서 본 모양의 둘레를 이용하여 길이 구하기

2 오른쪽 원기둥과 구를 앞에서 본 모양의 / 둘레는 서로 같습니다. / 구의 반지름은 몇 cm인가요? (원주율: 3.1)
└→ 구해야 할 것

17 cm
14 cm

문제 돋보기

✓ 원기둥과 구를 앞에서 본 모양은?
→ 원기둥을 앞에서 본 모양: 직사각형 , 구를 앞에서 본 모양: 원

✓ 원기둥과 구를 앞에서 본 모양의 둘레를 비교하면?
→ (원기둥을 앞에서 본 모양의 둘레) ═ (구를 앞에서 본 모양의 둘레)

✓ 원기둥의 밑면의 지름과 높이는?
→ 밑면의 지름: 14 cm, 높이: 17 cm

◆ 구해야 할 것은?
→ 구의 반지름

풀이 과정

❶ 원기둥을 앞에서 본 모양의 둘레는?
원기둥을 앞에서 본 모양은 가로가 14 cm, 세로가 17 cm인
직사각형이므로 둘레는 (14 + 17)×2= 62 (cm)입니다.

❷ 구의 반지름은?
구의 반지름을 ■ cm라 하면 구를 앞에서 본 모양은 반지름이 ■ cm인 원입니다.
⇨ ■×2×3.1= 62 , ■× 6.2 = 62 , ■= 10
└ (구를 앞에서 본 모양의 둘레)
 = (원기둥을 앞에서 본 모양의 둘레)

답 10 cm

왼쪽 ❷번과 같이 문제에 색칠하고 밑줄을 그어 가며 문제를 풀어 보세요.

2-1 오른쪽 구 모양의 공과 원뿔 모양의 고깔모자를 / 앞에서 본 모양의 / 둘레는 서로 같습니다. / 고깔모자의 밑면의 반지름은 몇 cm인가요?
(원주율: 3)

16 cm
8 cm

문제 돋보기

✓ 공과 고깔모자를 앞에서 본 모양은?
→ 공을 앞에서 본 모양: 원 , 고깔모자를 앞에서 본 모양: 삼각형

✓ 공과 고깔모자를 앞에서 본 모양의 둘레를 비교하면?
→ (공을 앞에서 본 모양의 둘레) ═ (고깔모자를 앞에서 본 모양의 둘레)

✓ 공의 반지름과 고깔모자의 모선의 길이는?
→ 공의 반지름: 8 cm, 고깔모자의 모선의 길이: 16 cm

◆ 구해야 할 것은?
→ (예) 고깔모자의 밑면의 반지름

풀이 과정

❶ 공을 앞에서 본 모양의 둘레는?
공을 앞에서 본 모양은 반지름이 8 cm인 원이므로
둘레는 8 ×2× 3 = 48 (cm)입니다.

❷ 고깔모자의 밑면의 반지름은?
고깔모자의 밑면의 반지름을 ■ cm라 하면 고깔모자를 앞에서 본 모양은
세 변의 길이가 각각 (■×2) cm, 16 cm, 16 cm인 삼각형입니다.
⇨ ■×2+ 16 + 16 = 48 , ■×2= 16 , ■= 8

답 8 cm

문제가 어려웠나요?
○ 어려
○ 적당
○ 쉬워

문장제 실력 쌓기

+ 위나 앞에서 본 모양의 넓이 구하기
+ 앞에서 본 모양의 둘레를 이용하여 길이 구하기

문제를 읽고 '연습하기'에서 했던 것처럼 밑줄을 그어 가며 문제를 풀어 보세요.

1 오른쪽 원뿔을 앞에서 본 모양의 넓이는 몇 cm²인가요?

16 cm
20 cm
12 cm

❶ 원뿔을 앞에서 본 모양은?
(예) 원뿔을 앞에서 본 모양은 밑변의 길이가
12×2=24(cm), 높이가 16 cm인 삼각형입니다.

❷ 원뿔을 앞에서 본 모양의 넓이는?
(예) 24×16÷2=192(cm²)

답 192 cm²

2 오른쪽과 같이 원기둥 모양의 통이 있습니다. 이 통을 위에서 본 모양의 넓이는 몇 cm²인가요? (원주율: 3)

17 cm
40 cm

❶ 통을 위에서 본 모양은?
(예) 통은 원기둥 모양이므로 위에서 본 모양은
반지름이 17 cm인 원입니다.

❷ 통을 위에서 본 모양의 넓이는?
(예) 17×17×3=867(cm²)

답 867 cm²

3 오른쪽 원뿔과 구를 앞에서 본 모양의 둘레는 서로 같습니다. 구의 반지름은 몇 cm인가요? (원주율: 3.1)

23.2 cm
14 cm

❶ 원뿔을 앞에서 본 모양의 둘레는?
(예) 원뿔을 앞에서 본 모양은 세 변의 길이가 각각 14×2=28(cm),
23.2 cm, 23.2 cm인 삼각형이므로
둘레는 28+23.2+23.2=74.4(cm)입니다.

❷ 구의 반지름은?
(예) 구의 반지름을 ■ cm라 하면 구를 앞에서 본 모양은 반지름이
■ cm인 원입니다.
⇨ ■×2×3.1=74.4, ■×6.2=74.4, ■=74.4÷6.2=12

답 12 cm

4 오른쪽 구 모양의 공과 원기둥 모양의 페인트 통을 앞에서 본 모양의 둘레는 서로 같습니다. 페인트 통의 높이는 몇 cm인가요? (원주율: 3.14)

7 cm
15 cm

❶ 공을 앞에서 본 모양의 둘레는?
(예) 공을 앞에서 본 모양은 지름이 15 cm인 원이므로 둘레는
15×3.14=47.1(cm)입니다.

❷ 페인트 통의 높이는?
(예) 페인트 통의 높이를 ■ cm라 하면 페인트 통을 앞에서 본 모양은
가로가 7×2=14(cm), 세로가 ■ cm인 직사각형입니다.
⇨ (14+■)×2=47.1, 14+■=47.1÷2=23.55,
■=23.55−14=9.55

답 9.55 cm

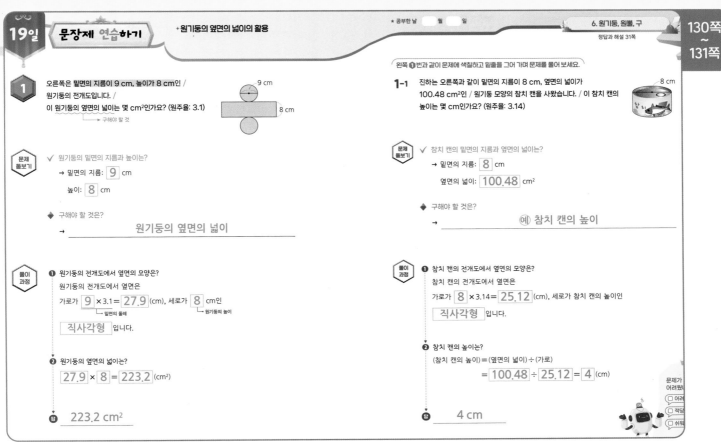

1 오른쪽은 밑면의 지름이 9 cm, 높이가 8 cm인 / 원기둥의 전개도입니다. / 이 원기둥의 옆면의 넓이는 몇 cm²인가요? (원주율: 3.1)
→ 구해야 할 것

9 cm

8 cm

문제 돋보기
✓ 원기둥의 밑면의 지름과 높이는?
→ 밑면의 지름: 9 cm
높이: 8 cm

◆ 구해야 할 것은?
→ 원기둥의 옆면의 넓이

풀이 과정
❶ 원기둥의 전개도에서 옆면의 모양은?
원기둥의 전개도에서 옆면은
가로가 9 × 3.1 = 27.9 (cm), 세로가 8 cm인
└ 밑면의 둘레   └ 원기둥의 높이
직사각형 입니다.

❷ 원기둥의 옆면의 넓이는?
27.9 × 8 = 223.2 (cm²)

탑 223.2 cm²

왼쪽 ❶번과 같이 문제에 색칠하고 밑줄을 그어 가며 문제를 풀어 보세요.

1-1 진하는 오른쪽과 같이 밑면의 지름이 8 cm, 옆면의 넓이가 100.48 cm²인 / 원기둥 모양의 참치 캔을 샀습니다. / 이 참치 캔의 높이는 몇 cm인가요? (원주율: 3.14)

8 cm

문제 돋보기
✓ 참치 캔의 밑면의 지름과 옆면의 넓이는?
→ 밑면의 지름: 8 cm
옆면의 넓이: 100.48 cm²

◆ 구해야 할 것은?
→ (예) 참치 캔의 높이

풀이 과정
❶ 참치 캔의 전개도에서 옆면의 모양은?
참치 캔의 전개도에서 옆면은
가로가 8 × 3.14 = 25.12 (cm), 세로가 참치 캔의 높이인
직사각형 입니다.

❷ 참치 캔의 높이는?
(참치 캔의 높이) = (옆면의 넓이) ÷ (가로)
= 100.48 ÷ 25.12 = 4 (cm)

탑 4 cm

문제가 어려웠니? ☐ 어려 ☐ 적당 ☐ 쉬웠

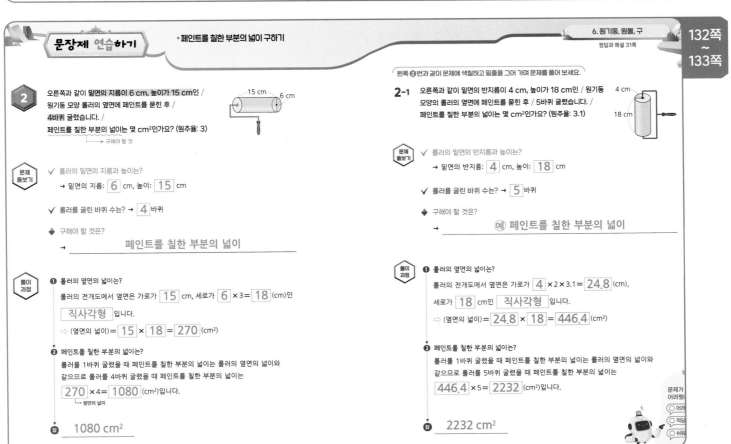

2 오른쪽과 같이 밑면의 지름이 6 cm, 높이가 15 cm인 / 원기둥 모양 롤러의 옆면에 페인트를 묻힌 후 / 4바퀴 굴렸습니다. / 페인트를 칠한 부분의 넓이는 몇 cm²인가요? (원주율: 3)
→ 구해야 할 것

15 cm   6 cm

문제 돋보기
✓ 롤러의 밑면의 지름과 높이는?
→ 밑면의 지름: 6 cm, 높이: 15 cm

✓ 롤러를 굴린 바퀴 수는? → 4 바퀴

◆ 구해야 할 것은?
→ 페인트를 칠한 부분의 넓이

풀이 과정
❶ 롤러의 옆면의 넓이는?
롤러의 전개도에서 옆면은 가로가 15 cm, 세로가 6 × 3 = 18 (cm)인
직사각형 입니다.
⇨ (옆면의 넓이) = 15 × 18 = 270 (cm²)

❷ 페인트를 칠한 부분의 넓이는?
롤러를 1바퀴 굴렸을 때 페인트를 칠한 부분의 넓이는 롤러의 옆면의 넓이와
같으므로 롤러를 4바퀴 굴렸을 때 페인트를 칠한 부분의 넓이는
270 × 4 = 1080 (cm²)입니다.
└ 옆면의 넓이

탑 1080 cm²

왼쪽 ❷번과 같이 문제에 색칠하고 밑줄을 그어 가며 문제를 풀어 보세요.

2-1 오른쪽과 같이 밑면의 반지름이 4 cm, 높이가 18 cm인 / 원기둥 모양의 롤러의 옆면에 페인트를 묻힌 후 / 5바퀴 굴렸습니다. / 페인트를 칠한 부분의 넓이는 몇 cm²인가요? (원주율: 3.1)

4 cm

18 cm

문제 돋보기
✓ 롤러의 밑면의 반지름과 높이는?
→ 밑면의 반지름: 4 cm, 높이: 18 cm

✓ 롤러를 굴린 바퀴 수는? → 5 바퀴

◆ 구해야 할 것은?
→ (예) 페인트를 칠한 부분의 넓이

풀이 과정
❶ 롤러의 옆면의 넓이는?
롤러의 전개도에서 옆면은 가로가 4 × 2 × 3.1 = 24.8 (cm),
세로가 18 cm인 직사각형 입니다.
⇨ (옆면의 넓이) = 24.8 × 18 = 446.4 (cm²)

❷ 페인트를 칠한 부분의 넓이는?
롤러를 1바퀴 굴렸을 때 페인트를 칠한 부분의 넓이는 롤러의 옆면의 넓이와
같으므로 롤러를 5바퀴 굴렸을 때 페인트를 칠한 부분의 넓이는
446.4 × 5 = 2232 (cm²)입니다.

탑 2232 cm²

문제가 어려웠니? ☐ 어려 ☐ 적당 ☐ 쉬웠

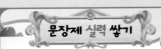
문장제 실력 쌓기

+ 원기둥의 옆면의 넓이의 활용
+ 페인트를 칠한 부분의 넓이 구하기

문제를 읽고 '연습하기'에서 했던 것처럼 밑줄을 그어 가며 문제를 풀어 보세요.

1 오른쪽은 밑면의 반지름이 5 cm, 높이가 9 cm인 원기둥의 전개도입니다. 이 원기둥의 옆면의 넓이는 몇 cm²인가요?
(원주율: 3.14)

❶ 원기둥의 전개도에서 옆면의 모양은?
예 원기둥의 전개도에서 옆면은
가로가 5×2×3.14=31.4(cm), 세로가 9 cm인 직사각형입니다.

❷ 원기둥의 옆면의 넓이는?
예 31.4×9=282.6(cm²)

답 282.6 cm²

2 오른쪽과 같이 밑면의 지름이 25 cm, 옆면의 넓이가 3100 cm²인 원기둥 모양의 쓰레기통이 있습니다. 이 쓰레기통의 높이는 몇 cm인가요?
(원주율: 3.1)

❶ 쓰레기통의 전개도에서 옆면의 모양은?
예 쓰레기통의 전개도에서 옆면은
가로가 25×3.1=77.5(cm), 세로가 쓰레기통의 높이인 직사각형입니다.

❷ 쓰레기통의 높이는?
예 (쓰레기통의 높이)=(옆면의 넓이)÷(가로)
=3100÷77.5=40(cm)

답 40 cm

3 오른쪽과 같이 밑면의 반지름이 6 cm, 높이가 35 cm인 원기둥 모양의 롤러의 옆면에 페인트를 묻힌 후 2바퀴 굴렸습니다. 페인트를 칠한 부분의 넓이는 몇 cm²인가요? (원주율: 3)

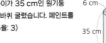

❶ 롤러의 옆면의 넓이는?
예 롤러의 전개도에서 옆면은 가로가 6×2×3=36(cm), 세로가 35 cm인 직사각형입니다.
⇨ (옆면의 넓이)=36×35=1260(cm²)

❷ 페인트를 칠한 부분의 넓이는?
예 롤러를 1바퀴 굴렸을 때 페인트를 칠한 부분의 넓이는 롤러의 옆면의 넓이와 같으므로
롤러를 2바퀴 굴렸을 때 페인트를 칠한 부분의 넓이는
1260×2=2520(cm²)입니다.

답 2520 cm²

4 오른쪽과 같이 밑면의 지름이 10 cm, 높이가 22 cm인 원기둥 모양 롤러의 옆면에 페인트를 묻힌 후 6바퀴 굴렸습니다. 페인트를 칠한 부분의 넓이는 몇 cm²인가요? (원주율: 3.1)

❶ 롤러의 옆면의 넓이는?
예 롤러의 전개도에서 옆면은 가로가 10×3.1=31(cm), 세로가 22 cm인 직사각형입니다.
⇨ (옆면의 넓이)=31×22=682(cm²)

❷ 페인트를 칠한 부분의 넓이는?
예 롤러를 1바퀴 굴렸을 때 페인트를 칠한 부분의 넓이는 롤러의 옆면의 넓이와 같으므로
롤러를 6바퀴 굴렸을 때 페인트를 칠한 부분의 넓이는
682×6=4092(cm²)입니다.

답 4092 cm²

20일 **단원 마무리**
★ 공부한 날 ___월 ___일

124쪽 위나 앞에서 본 모양의 넓이 구하기

1 오른쪽 원기둥을 앞에서 본 모양의 넓이는 몇 cm²인가요?

풀이 예 원기둥을 앞에서 본 모양은 가로가 40 cm, 세로가 35 cm인 직사각형입니다.
⇨ (넓이)=40×35=1400(cm²)

답 1400 cm²

130쪽 원기둥의 옆면의 넓이의 활용

2 밑면의 반지름이 4 cm이고 높이가 11 cm인 원기둥의 옆면의 넓이는 몇 cm²인가요? (원주율: 3)

풀이 예 원기둥의 전개도에서 옆면은 가로가 4×2×3=24(cm), 세로가 11 cm인 직사각형입니다.
⇨ (옆면의 넓이)=24×11=264(cm²)

답 264 cm²

130쪽 원기둥의 옆면의 넓이의 활용

3 오른쪽과 같이 밑면의 반지름이 3 cm, 옆면의 넓이가 188.4 cm²인 원기둥 모양의 음료수 캔이 있습니다. 이 음료수 캔의 높이는 몇 cm인가요? (원주율: 3.14)

풀이 예 음료수 캔의 전개도에서 옆면은 가로가 3×2×3.14=18.84(cm), 세로가 음료수 캔의 높이인 직사각형입니다.
⇨ (음료수 캔의 높이)=188.4÷18.84=10(cm)

답 10 cm

132쪽 페인트를 칠한 부분의 넓이 구하기

4 오른쪽과 같이 밑면의 지름이 5 cm, 높이가 14 cm인 원기둥 모양 롤러의 옆면에 페인트를 묻힌 후 3바퀴 굴렸습니다. 페인트를 칠한 부분의 넓이는 몇 cm²인가요? (원주율: 3.1)

풀이 예 롤러의 전개도에서 옆면은 가로가 14 cm, 세로가 5×3.1=15.5(cm)인 직사각형이므로 옆면의 넓이는 14×15.5=217(cm²)입니다.
롤러를 1바퀴 굴렸을 때 페인트를 칠한 부분의 넓이는 롤러의 옆면의 넓이와 같으므로 롤러를 3바퀴 굴렸을 때 페인트를 칠한 부분의 넓이는 217×3=651(cm²)입니다.

답 651 cm²

126쪽 앞에서 본 모양의 둘레를 이용하여 길이 구하기

5 오른쪽 구와 원뿔을 앞에서 본 모양의 둘레는 서로 같습니다. 원뿔의 밑면의 반지름은 몇 cm인가요? (원주율: 3.1)

풀이 예 구를 앞에서 본 모양은 반지름이 5 cm인 원이므로 둘레는 5×2×3.1=31(cm)입니다.
원뿔의 밑면의 반지름을 ■ cm라 하면 원뿔을 앞에서 본 모양은 세 변의 길이가 각각 (■×2) cm, 10 cm, 10 cm인 삼각형입니다.
⇨ ■×2+10+10=31, ■×2+20=31,
■×2=31−20=11, ■=11÷2=5.5

답 5.5 cm

126쪽 앞에서 본 모양의 둘레를 이용하여 길이 구하기

6 오른쪽 원기둥과 구를 앞에서 본 모양의 둘레는 서로 같습니다. 구의 반지름은 몇 cm인가요? (원주율: 3)

풀이 예 원기둥을 앞에서 본 모양은 가로가 13×2=26(cm), 세로가 16 cm인 직사각형이므로 둘레는 (26+16)×2=84(cm)입니다.
구의 반지름을 ■ cm라 하면 구를 앞에서 본 모양은 반지름이 ■ cm인 원입니다.
⇨ ■×2×3=84, ■×6=84,
■=84÷6=14

답 14 cm

132쪽 페인트를 칠한 부분의 넓이 구하기

7 오른쪽과 같이 밑면의 반지름이 5 cm, 높이가
15 cm인 원기둥 모양의 롤러의 옆면에 페인트를 묻힌
후 수영이는 3바퀴, 예설이는 5바퀴 굴렸습니다.
두 사람이 페인트를 칠한 부분의 넓이의 합은
몇 cm²인가요? (원주율: 3.14)

풀이 예 롤러의 전개도에서 옆면은 가로가 5×2×3.14=31.4(cm),
세로가 15 cm인 직사각형이므로
옆면의 넓이는 31.4×15=471(cm²)입니다.
두 사람이 롤러를 3+5=8(바퀴) 굴렸으므로 페인트를 칠한
부분의 넓이의 합은
471×8=3768(cm²)입니다.
답 **3768 cm²**

124쪽 위나 앞에서 본 모양의 넓이 구하기

8 오른쪽 원뿔을 앞에서 본 모양과 위에서 본 모양의 넓이를
각각 구해 보세요. (원주율: 3)

풀이 예 원뿔을 앞에서 본 모양은 밑변의 길이가
21×2=42(cm), 높이가 20 cm인 삼각형입니다.
⇨ (앞에서 본 모양의 넓이)=42×20÷2=420(cm²)
원뿔을 위에서 본 모양은 반지름이 21 cm인 원입니다.
⇨ (위에서 본 모양의 넓이)=21×21×3=1323(cm²)
답 앞에서 본 모양 **420 cm²**

위에서 본 모양 **1323 cm²**

130쪽 원기둥의 옆면의 넓이의 활용

9 오른쪽과 같이 한 직선을 중심으로 직사각형 모양의 종이를 한 바퀴
돌렸습니다. 만들어지는 입체도형의 옆면의 넓이는 몇 cm²인가요?
(원주율: 3.1)

풀이 예 직사각형 모양의 종이를 한 바퀴 돌리면 밑면의
반지름이 4 cm이고 높이가 6 cm인 원기둥이 만들어집니다.
원기둥의 전개도에서 옆면은 가로가 4×2×3.1=24.8(cm),
세로가 6 cm인 직사각형입니다.
⇨ (옆면의 넓이)=24.8×6=148.8(cm²)
답 **148.8 cm²**

124쪽 위나 앞에서 본 모양의 넓이 구하기
126쪽 앞에서 본 모양의 둘레를 이용하여 길이 구하기

10
도전 문제
오른쪽 구와 원뿔을 앞에서 본 모양의
둘레는 서로 같습니다. 원뿔을 앞에서 본
모양의 넓이는 몇 cm²인가요? (원주율: 3)

❶ 구를 앞에서 본 모양의 둘레는?
예 구를 앞에서 본 모양은 반지름이 9 cm인 원이므로
둘레는 9×2×3=54(cm)입니다.

❷ 원뿔의 밑면의 반지름은?
예 원뿔의 밑면의 반지름을 ■ cm라 하면 원뿔을 앞에서 본 모양은
세 변의 길이가 각각 (■×2) cm, 15 cm, 15 cm인 삼각형입니다.
⇨ ■×2+15+15=54, ■×2+30=54, ■×2=24, ■=12

❸ 원뿔을 앞에서 본 모양의 넓이는?
예 원뿔을 앞에서 본 모양은 밑변의 길이가 12×2=24(cm),
높이가 9 cm인 삼각형입니다.
⇨ (앞에서 본 모양의 넓이)=24×9÷2=108(cm²)
답 **108 cm²**

실력 평가

❗ 계산 결과를 기약분수나 대분수로 나타내지 않아도 정답으로 인정합니다.

1 윤지는 사탕 $\frac{6}{7}$ kg을 한 통에 $\frac{2}{7}$ kg씩 나누어 담았고, 성하는 사탕 $\frac{9}{10}$ kg을 한 통에 $\frac{3}{10}$ kg씩 나누어 담았습니다. 두 사람이 나누어 담은 사탕은 모두 몇 통인가요?

(풀이) 예) 윤지: $\frac{6}{7}÷\frac{2}{7}=6÷2=3$(통)

성하: $\frac{9}{10}÷\frac{3}{10}=9÷3=3$(통)

따라서 두 사람이 나누어 담은 사탕은 모두 $3+3=6$(통)입니다.

(답) ___6통___

2 한 병에 1.2 L씩 담겨 있는 우유가 4병 있습니다. 이 우유를 한 사람에게 0.8 L씩 나누어 준다면 모두 몇 사람에게 나누어 줄 수 있나요?

(풀이) 예) (전체 우유의 양)$=1.2×4=4.8$(L)
(우유를 나누어 줄 수 있는 사람의 수)$=4.8÷0.8=6$(명)

(답) ___6명___

3 윤아는 쌓기나무 15개로 오른쪽과 같은 모양을 만들었습니다. 모양을 만들고 남은 쌓기나무는 몇 개인가요?

위에서 본 모양

(풀이) 예) 모양을 만드는 데 필요한 쌓기나무는 1층에 6개, 2층에 3개, 3층에 1개이므로 모두 $6+3+1=10$(개)입니다.
⇨ (남은 쌓기나무의 수)$=15-10=5$(개)

(답) ___5개___

4 지름이 25 cm인 원반을 몇 바퀴 굴렸더니 471 cm 굴러갔습니다. 원반을 몇 바퀴 굴린 것인가요? (원주율: 3.14)

(풀이) 예) 원반이 한 바퀴 굴러간 거리는 원반의 원주와 같습니다.
(원반의 원주)$=25×3.14=78.5$(cm)
(원반을 굴린 바퀴 수)$=471÷78.5=6$(바퀴)

(답) ___6바퀴___

5 선혜는 드론 만들기 재료 가격 12000원을 동생과 나누어 내려고 합니다. 재료값을 선혜와 동생이 5 : 3으로 나누어 낸다면 선혜는 동생보다 얼마를 더 내야 하나요?

(풀이) 예) 선혜: $12000×\frac{5}{5+3}=12000×\frac{5}{8}=7500$(원)

동생: $12000×\frac{3}{5+3}=12000×\frac{3}{8}=4500$(원)

따라서 선혜는 동생보다 $7500-4500=3000$(원) 더 내야 합니다.

(답) ___3000원___

6 은수는 가지고 있던 색종이 전체의 $\frac{2}{5}$로 종이비행기를 접었고, 남은 색종이의 $\frac{5}{9}$로 종이배를 접었습니다. 접은 종이배가 15개일 때, 은수가 처음에 가지고 있던 색종이는 몇 장인가요?

(풀이) 예) 종이비행기를 접고 남은 색종이는 전체의 $1-\frac{2}{5}=\frac{3}{5}$이고,

종이배를 접은 색종이는 전체의 $\overset{1}{\underset{1}{\frac{3}{5}}}×\overset{1}{\underset{9}{\frac{5}{9}}}=\frac{1}{3}$입니다.

은수가 처음에 가지고 있던 색종이의 수를 ■장이라 하면
$■×\frac{1}{3}=15$, $■=15÷\frac{1}{3}=15×3=45$입니다.

따라서 은수가 처음에 가지고 있던 색종이는 45장입니다.

(답) ___45장___

7 밑면의 반지름이 3 cm인 원 모양의 음료수 캔 3개를 리본으로 겹치지 않게 한 바퀴 둘렀습니다. 사용한 리본의 길이는 몇 cm인가요? (원주율: 3.1)

3 cm

(풀이) 예) 직선 부분의 길이의 합은 밑면의 반지름의 6배이므로 $3×6=18$(cm)입니다.
곡선 부분의 길이의 합은 반지름이 3 cm인 원의 원주와 같으므로 $3×2×3.1=18.6$(cm)입니다.
⇨ (사용한 리본의 길이)$=18+18.6=36.6$(cm)

(답) ___36.6 cm___

8 일정한 바르기로 1시간 24분 동안 119 km를 갈 수 있는 화물차가 있습니다. 이 화물차로 2시간 36분 동안 갈 수 있는 거리는 몇 km인가요?

(풀이) 예) 1시간 24분$=1\frac{24}{60}$시간$=1.4$시간이므로
화물차로 1시간 동안 갈 수 있는 거리는 $119÷1.4=85$(km)입니다.
2시간 36분$=2\frac{36}{60}$시간$=2.6$시간이므로
화물차로 2시간 36분 동안 갈 수 있는 거리는 $85×2.6=221$(km)입니다.

(답) ___221 km___

9 오른쪽 원뿔의 밑면의 둘레는 113.04 cm입니다. 이 원뿔을 앞에서 본 모양의 넓이는 몇 cm²인가요? (원주율: 3.14)

24 cm
30 cm

(풀이) 예) 원뿔의 밑면의 반지름을 ■ cm라 하면 밑면의 둘레가 113.04 cm이므로
$■×2×3.14=113.04$, $■×6.28=113.04$, $■=18$입니다.
원뿔을 앞에서 본 모양은 밑변의 길이가 $18×2=36$(cm), 높이가 24 cm인 삼각형입니다.
⇨ (앞에서 본 모양의 넓이)$=36×24÷2=432$(cm²)

(답) ___432 cm²___

10 쌓기나무로 만든 모양을 위, 앞, 옆에서 본 모양입니다. 쌓기나무가 가장 많을 때 사용한 쌓기나무는 몇 개인가요?

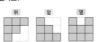
위　앞　옆

(풀이) 예) 위
• 앞에서 본 모양을 보면 ⓒ에 1개의 쌓기나무가 놓입니다.
• 옆에서 본 모양을 보면 ⑭에 3개의 쌓기나무가 놓입니다.
• ⓛ, ②, ⓜ에 쌓을 수 있는 쌓기나무는 1개 또는 2개이므로 ㉠에 쌓기나무가 3개 놓여야 합니다.
ⓛ, ②, ⓜ에 쌓기나무가 2개씩 놓일 때 사용한 쌓기나무의 수가 가장 많습니다.
⇨ (사용한 쌓기나무의 수)$=3+2+1+2+2+3=13$(개)

(답) ___13개___

1 연후는 미술 시간에 길이가 6 m인 리본 중 $5\frac{1}{4}$ m를 사용하였습니다. 사용한 리본은 남은 리본의 몇 배인가요?

(풀이) 예 (남은 리본의 길이)$=6-5\frac{1}{4}=\frac{3}{4}$(m)

⇨ (사용한 리본의 길이)÷(남은 리본의 길이)

$=5\frac{1}{4}÷\frac{3}{4}=\frac{21}{4}÷\frac{3}{4}=21÷3=7$(배)

(답) ___7배___

2 마트에서는 망고 2.5 kg을 18000원에 팔고 있고, 시장에서는 망고 1.8 kg을 12600원에 팔고 있습니다. 마트와 시장 중 망고를 더 싸게 파는 곳은 어디인가요?

(풀이) 예 (마트에서 파는 망고 1 kg의 가격)$=18000÷2.5=7200$(원)
(시장에서 파는 망고 1 kg의 가격)$=12600÷1.8=7000$(원)
1 kg의 가격을 비교하면 $7200>7000$이므로 망고를 더 싸게 파는 곳은 시장입니다.

(답) ___시장___

3 밥을 짓는 데 사용한 쌀과 보리의 무게의 비는 5 : 2입니다. 쌀이 120 g이라면 쌀과 보리는 모두 몇 g인가요?

(풀이) 예 밥을 짓는 데 사용한 보리의 무게를 ■ g이라 하여 비례식을 세우면 5 : 2$=$120 : ■입니다.
⇨ $5×$■$=2×120$, $5×$■$=240$, ■$=48$
따라서 밥을 짓는 데 사용한 쌀과 보리는 모두 $120+48=168$(g)입니다.

(답) ___168 g___

4 은우네 교실에는 넓이가 446.4 cm²인 원 모양의 창문이 있습니다. 이 창문의 둘레는 몇 cm인가요? (원주율: 3.1)

(풀이) 예 창문의 반지름을 ■ cm라 하면
■$×$■$×3.1=446.4$, ■$×$■$=144$, ■$=12$입니다.
(창문의 둘레)$=12×2×3.1=74.4$(cm)

(답) ___74.4 cm___

5 어떤 수를 $1\frac{1}{2}$로 나누어야 하는데 잘못하여 곱했더니 $1\frac{4}{5}$가 되었습니다. 바르게 계산한 값은 얼마인가요?

(풀이) 예 어떤 수를 ■라 하면 잘못 계산한 식에서
■$×1\frac{1}{2}=1\frac{4}{5}$, ■$=1\frac{4}{5}÷1\frac{1}{2}=\frac{\overset{3}{\cancel{9}}}{5}×\frac{2}{\cancel{3}}=\frac{6}{5}=1\frac{1}{5}$입니다.

따라서 바르게 계산한 값은
$1\frac{1}{5}÷1\frac{1}{2}=\frac{\overset{2}{\cancel{6}}}{5}×\frac{2}{\cancel{3}}=\frac{4}{5}$입니다.

(답) ___$\frac{4}{5}$___

6 오른쪽과 같이 밑면의 반지름이 5 cm, 높이가 18 cm인 원기둥 모양의 롤러의 옆면에 페인트를 묻힌 후 4바퀴 굴렸습니다. 페인트를 칠한 부분의 넓이는 몇 cm²인가요?

(원주율: 3)

 5 cm 18 cm

(풀이) 예 롤러의 전개도에서 옆면은 가로가 18 cm, 세로가 $5×2×3=30$(cm)인 직사각형이므로 옆면의 넓이는 $18×30=540$(cm²)입니다.
롤러를 1바퀴 굴렸을 때 페인트를 칠한 부분의 넓이는 롤러의 옆면의 넓이와 같으므로 롤러를 4바퀴 굴렸을 때 페인트를 칠한 부분의 넓이는 $540×4=2160$(cm²)입니다.

(답) ___2160 cm²___

7 맞물려 돌아가는 두 톱니바퀴 ㉮와 ㉯가 있습니다. ㉮의 톱니는 12개이고, ㉯의 톱니는 16개입니다. ㉮가 32바퀴 돌 때 ㉯는 몇 바퀴 도는지 구해 보세요.

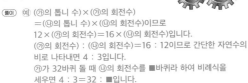

(풀이) 예 (㉮의 톱니 수)$×$(㉮의 회전수)
$=$(㉯의 톱니 수)$×$(㉯의 회전수)이므로
$12×$(㉮의 회전수)$=16×$(㉯의 회전수)입니다.
(㉮의 회전수) : (㉯의 회전수)$=16 : 12$이므로 간단한 자연수의 비로 나타내면 4 : 3입니다.
㉮가 32바퀴 돌 때 ㉯의 회전수를 ■바퀴라 하여 비례식을 세우면 4 : 3$=32$: ■입니다.
⇨ $4×$■$=3×32$, $4×$■$=96$, ■$=24$

(답) ___24바퀴___

8 어머니께서 매실청을 한 통에 3.8 L씩 3통 만들어서 한 병에 0.9 L씩 나누어 담으려고 합니다. 매실청을 남김없이 모두 나누어 담으려면 매실청은 적어도 몇 L 더 필요한가요?

(풀이) 예 전체 매실청의 양은 $3.8×3=11.4$(L)입니다.
$11.4÷0.9=12 ⋯ 0.6$이므로
매실청을 12병에 나누어 담을 수 있고, 남는 매실청은 0.6 L입니다.
매실청을 남김없이 모두 나누어 담으려면
매실청은 적어도 $0.9-0.6=0.3$(L) 더 필요합니다.

(답) ___0.3 L___

9 왼쪽 정육면체 모양에서 쌓기나무를 몇 개 빼내어 오른쪽 모양을 만들었습니다. 빼낸 쌓기나무는 몇 개인가요?

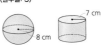 위에서 본 모양

(풀이) 예 (정육면체 모양의 쌓기나무의 수)$=3×3×3=27$(개)
빼내고 남은 쌓기나무는 1층에 6개, 2층에 5개, 3층에 2개이므로 모두 $6+5+2=13$(개)입니다.
⇨ (빼낸 쌓기나무의 수)$=27-13=14$(개)

(답) ___14개___

10 구와 원기둥을 앞에서 본 모양의 둘레는 서로 같습니다. 원기둥을 앞에서 본 모양의 넓이는 몇 cm²인가요? (원주율: 3)

7 cm

8 cm

(풀이) 예 구를 앞에서 본 모양은 반지름이 8 cm인 원이므로 둘레는 $8×2×3=48$(cm)입니다.
원기둥의 높이를 ■ cm라 하면 원기둥을 앞에서 본 모양은 가로가 $7×2=14$(cm), 세로가 ■ cm인 직사각형입니다.
⇨ $(14+$■$)×2=48$, $14+$■$=24$, ■$=10$
따라서 원기둥을 앞에서 본 모양의 넓이는
$14×10=140$(cm²)입니다.

(답) ___140 cm²___

실력 평가

1 모자를 한 개 만드는 데 $1\frac{1}{5}$ 시간이 걸리는 기계가 있습니다. 이 기계로 하루 동안 쉬지 않고 모자를 만든다면 모자를 모두 몇 개 만들 수 있나요?

(풀이) 예) 하루는 24시간입니다.
(하루 동안 만들 수 있는 모자의 수)$=24\div1\frac{1}{5}=24\times\frac{5}{6}=20$(개)

답 　20개

2 밑면의 지름이 7 cm, 높이가 20 cm인 원기둥 모양의 통이 있습니다. 이 통의 옆면의 넓이는 몇 cm²인가요? (원주율: 3.1)

(풀이) 예) 통의 전개도에서 옆면은 가로가 $7\times3.1=21.7$(cm), 세로가 20 cm인 직사각형입니다.
⇨ (옆면의 넓이)$=21.7\times20=434$(cm²)

답 　434 cm²

3 굵기가 일정한 쇠막대 12 m의 무게가 74.4 kg입니다. 같은 굵기의 쇠막대의 무게가 21.08 kg일 때, 이 쇠막대의 길이는 몇 m인가요?

(풀이) 예) (쇠막대 1 m의 무게)$=74.4\div12=6.2$(kg)
(무게가 21.08 kg인 쇠막대의 길이)$=21.08\div6.2=3.4$(m)

답 　3.4 m

4 도하와 재영이가 설명하는 자연수의 비를 구해 보세요.

이 비는 3 : 13과 비율이 같은 비야.　그리고 전항과 후항의 차가 30이야.

(풀이) 예) 비의 전항과 후항에 0이 아닌 같은 수를 곱하여도 비율은 같으므로 3 : 13과 비율이 같은 자연수의 비는 (3×■) : (13×■)로 나타낼 수 있습니다.
전항과 후항의 차가 30이므로
13×■ − 3×■=30, 10×■=30, ■=3입니다.
따라서 도하와 재영이가 설명하는 비는
(3×3) : (13×3) ⇨ 9 : 39입니다.

답 　9 : 39

5 오른쪽은 쌓기나무 11개로 만든 모양입니다. 초록색 쌓기나무 3개를 빼낸 후 앞과 옆에서 본 모양을 각각 그려 보세요.

(풀이) 예) 쌓기나무 11개로 만든 모양이므로 보이지 않는 쌓기나무는 없습니다.
초록색 쌓기나무 3개를 빼낸 후 위에서 본 모양의 각 자리에 쌓인 쌓기나무의 수를 쓰면 오른쪽과 같습니다.
앞에서 본 모양은 왼쪽에서부터 1층, 3층, 1층이 되도록 그리고, 옆에서 본 모양은 왼쪽에서부터 2층, 3층이 되도록 그립니다.

답 　앞 　옆

---

6 길이가 $4\frac{1}{2}$ km인 도로의 한쪽에 $\frac{3}{20}$ km 간격으로 쓰레기통을 설치하려고 합니다. 도로의 시작과 끝 지점에도 쓰레기통을 설치하려면 쓰레기통은 모두 몇 개 필요한가요? (단, 쓰레기통의 두께는 생각하지 않습니다.)

(풀이) 예) (쓰레기통 사이의 간격의 수)$=4\frac{1}{2}\div\frac{3}{20}=\frac{9}{2}\times\frac{20}{3}=30$(군데)
설치해야 할 쓰레기통의 수는 쓰레기통 사이의 간격의 수보다 1만큼 더 큽니다.
⇨ 30+1=31(개)

답 　31개

7 윤호의 방 벽지는 오른쪽과 같은 무늬가 반복됩니다. 색칠한 부분의 넓이는 몇 cm²인가요? (원주율: 3.1)

(풀이) 예) 원의 일부를 오른쪽과 같이 옮기면 가로 4 cm, 세로 8 cm인 직사각형 4개와 반지름이 4 cm인 원 2개가 됩니다.
(색칠한 부분의 넓이)
$=(4\times8)\times4-(4\times4\times3.1)\times2$
$=128-99.2=28.8$(cm²)

답 　28.8 cm²

8 영채는 길이가 264 cm인 철사를 겹치는 부분 없이 모두 사용하여 크기가 같은 원을 2개 만들었습니다. 만든 원 1개의 넓이는 몇 cm²인가요? (원주율: 3)

(풀이) 예) 크기가 같은 원을 2개 만들었으므로 원을 1개 만드는 데 사용한 철사는 $264\div2=132$(cm)입니다.
만든 원의 반지름을 ■ cm라 하면 ■×2×3=132,
■×6=132, ■=22입니다.
(만든 원 1개의 넓이)
$=22\times22\times3=1452$(cm²)

답 　1452 cm²

9 수 카드 5 , 2 , 9 , 8 , 4 를 한 번씩 모두 사용하여 (소수 두 자리 수)÷(소수 한 자리 수)를 만들려고 합니다. 몫이 가장 클 때의 값은 얼마인지 반올림하여 소수 첫째 자리까지 나타내어 보세요.

(풀이) 예) 나누어지는 수가 클수록, 나누는 수가 작을수록 몫이 큽니다.
수 카드의 수의 크기를 비교하면 9>8>5>4>2이므로 나누어지는 수는 9.85, 나누는 수는 2.4입니다.
따라서 9.85÷2.4=4.10……이므로 반올림하여 소수 첫째 자리까지 나타내면 4.1입니다.

답 　4.1

10 다경이는 소금과 물을 2 : 9로 섞어 소금물을 44 g 만들었고, 재준이는 소금과 물을 3 : 7로 섞어 소금물을 40 g 만들었습니다. 두 사람 중 누가 소금을 몇 g 더 많이 사용했나요?

(풀이) 예) 다경이가 만든 소금물에서 소금의 무게: $44\times\frac{2}{2+9}=44\times\frac{2}{11}=8$(g)
재준이가 만든 소금물에서 소금의 무게: $40\times\frac{3}{3+7}=40\times\frac{3}{10}=12$(g)
따라서 8<12이므로 재준이가 소금을 12−8=4(g) 더 많이 사용했습니다.

답 　재준 , 　4 g

memo

memo

왕관을 만들어요!

4단원

2단원

3단원

6단원

5단원

1단원

단원 마무리에서 오린
보석을 붙이고
왕관을 완성해 보세요!